高职高专“十二五”规划教材

XIANXINGDAISHU
YUXIANXINGGUIHUA

线性代数与线性规划

主　编　刘汝臣　刘　颖
参　编　丛政义　勾丽杰　朱如红
邱翠萍　刘　枫　由丽丽
于丽妮　窦立国

东北师范大学出版社
NORTHEAST NORMAL UNIVERSITY PRESS
WWW.NENUP.COM
长　春

图书在版编目(CIP)数据

线性代数与线性规划/刘汝臣,刘颖主编.—长春:东北师范大学出版社,2011.9
ISBN 978-7-5602-7452-2

Ⅰ.①线… Ⅱ.①刘… ②刘… Ⅲ.①线性代数 ②线性规划 Ⅳ.①O151.2 ②O221.1

中国版本图书馆CIP数据核字(2011)第205059号

□责任编辑:杜立新 □封面设计:唐韵设计
□责任校对:张　帆 □责任印制:孙　彬

东北师范大学出版社发行
长春净月经济开发区宝金街118号(邮政编码:130117)
销售热线:0431—85687213
传真:0431—85691969
网址:http://www.nenup.com
电子函件:sdcbs@mail.jl.cn
新立风格照排中心制版
北京密东印刷有限公司印装
北京市密云十里堡
2011年9月第1版 2011年9月第1次印刷
幅面尺寸:185 mm×260 mm 印张:10.25 字数:238千

定价:29.00元

前　言

根据教育部最新制定的《高职高专教育高等数学课程的基本要求》，本着以提高高职高专教育教学质量，培养高素质应用型人才为目标的宗旨，在多年教学探索、改革的基础上，我们组织编写了本教材.

为适应新形势对高等职业技术应用型人才的新要求，把“教”、“学”、“做”融为一体，我们在教学实践中对工学交替、任务驱动、项目导向、顶岗实习等教学模式进行了探索. 为使数学课程能在专业中得到实际应用，我们在多年研究的基础上编写了这本具有高职特色的教材.

《线性代数与线性规划》以案例为背景引入概念、展开知识，用通俗简洁的语言阐明数学概念的内涵和实质，强调数学概念，形成实用的意义，并把数学中的方法和技能展现给学生，体现了数学的基础性与实用性相结合的特点；把 MATLAB 的基础知识作为数学实验的工具纳入教材，让学生了解对于较复杂的计算，只要掌握数学概念、思想与计算方法，再学会运用数学软件 MATLAB 的相关内容，就能轻而易举地得到最终结果. 还增加了数学小资料，将数学教育与素质教育有机结合，让数学素养渗透到每个模块的教学环节中. 考虑到各院校开设数学的课时数有所不同，我们将全书分成了六章，可视情况独立开设.

《线性代数与线性规划》适用于高职院校工科专业及管理类专业的学生，同时也可作为成人高校的通用教材，或作为有关人员学习数学知识的参考书.

本书由辽宁省交通高等专科学校的教师编写。他们长期工作在高职高专数学教学一线，有着丰富的教育、教学经验. 通过多年教学实践经验积累以及对学生实际现状的研究，编写了这部教材.

本书由刘汝臣、刘颖任主编，刘汝臣编写第一章至第五章，刘颖编写第六章及数学软件 MATLAB 简介部分. 参加编写的还有丛政义、勾丽杰、朱如红、邱翠萍、刘枫、由丽丽、于丽妮、窦立国.

为了提高编写质量，在本书的编写过程中，编者查阅和借鉴了许多优秀的数学教材和数学文献，为此，向各位学界同仁致以诚挚的谢意. 由于编者水平所限，加之教学实际中许多问题的改革还在探索中，本书的不当之处在所难免，恳请读者批评指正，以便进一步修改完善。谨此，向支持本书编写和出版的各界同仁表示衷心的感谢.

编　者

2011 年 9 月

前　言

根据教育部最新制定的《高职高专教育高等数学课程的基本要求》，本着以提高高职高专教育教学质量，培养高素质应用型人才为目标的宗旨，在多年教学探索、改革的基础上，我们组织编写了本教材.

为适应新形势对高等职业技术应用型人才的新要求，把“教”、“学”、“做”融为一体，我们在教学实践中对工学交替、任务驱动、项目导向、顶岗实习等教学模式进行了探索. 为使数学课程能在专业中得到实际应用，我们在多年研究的基础上编写了这本具有高职特色的教材.

《线性代数与线性规划》以案例为背景引入概念、展开知识，用通俗简洁的语言阐明数学概念的内涵和实质，强调数学概念，形成实用的意义，并把数学中的方法和技能展现给学生，体现了数学的基础性与实用性相结合的特点；把 MATLAB 的基础知识作为数学实验的工具纳入教材，让学生了解对于较复杂的计算，只要掌握数学概念、思想与计算方法，再学会运用数学软件 MATLAB 的相关内容，就能轻而易举地得到最终结果. 还增加了数学小资料，将数学教育与素质教育有机结合，让数学素养渗透到每个模块的教学环节中. 考虑到各院校开设数学的课时数有所不同，我们将全书分成了六章，可视情况独立开设.

《线性代数与线性规划》适用于高职院校工科专业及管理类专业的学生，同时也可作为成人高校的通用教材，或作为有关人员学习数学知识的参考书.

本书由辽宁省交通高等专科学校的教师编写。他们长期工作在高职高专数学教学一线，有着丰富的教育、教学经验. 通过多年教学实践经验积累以及对学生实际现状的研究，编写了这部教材.

本书由刘汝臣、刘颖任主编，刘汝臣编写第一章至第五章，刘颖编写第六章及数学软件 MATLAB 简介部分. 参加编写的还有丛政义、勾丽杰、朱如红、邱翠萍、刘枫、由丽丽、于丽妮、窦立国.

为了提高编写质量，在本书的编写过程中，编者查阅和借鉴了许多优秀的数学教材和数学文献，为此，向各位学界同仁致以诚挚的谢意. 由于编者水平所限，加之教学实际中许多问题的改革还在探索中，本书的不当之处在所难免，恳请读者批评指正，以便进一步修改完善。谨此，向支持本书编写和出版的各界同仁表示衷心的感谢.

编　者

2011 年 9 月

目　录

第一章 行 列 式

【内容提要】行列式是线性代数的基本内容之一．本章首先介绍行列式定义，然后介绍行列式的基本性质和计算方法．为便于研究，我们约定在本教材中，线性方程组未知元按下角标由小到大的顺序排列，并称其为线性方程组的标准型．

【预备知识】解二元、三元线性方程组的加减消元法．

【学习目标】

1. 理解行列式的定义和性质；
2. 会用行列式的性质计算行列式；
3. 了解克莱姆法则，会用克莱姆法则求解线性方程组．

第一节 行列式的基本概念

一、二阶行列式

1. 背 景

设二元线性方程组的标准型为

$$\begin{cases} a_{11}x_1+a_{12}x_2=b_1, \\ a_{21}x_1+a_{22}x_2=b_2, \end{cases}$$

利用加减消元法，得

$$(a_{11}a_{22}-a_{12}a_{21})x_1=b_1a_{22}-a_{12}b_2,$$
$$(a_{11}a_{22}-a_{12}a_{21})x_2=a_{11}b_2-b_1a_{21},$$

若 $a_{11}a_{22}-a_{12}a_{21}\neq 0$，则

$$x_1=\frac{b_1a_{22}-a_{12}b_2}{a_{11}a_{22}-a_{12}a_{21}},x_2=\frac{a_{11}b_2-b_1a_{21}}{a_{11}a_{22}-a_{12}a_{21}}.$$

为了便于记忆这个公式，我们引入二阶行列式的概念．

2. 定 义

定义 1 将四个数 $a_{11},a_{12},a_{21},a_{22}$ 写成下面的式子

$$\begin{vmatrix} a_{11} & a_{12} \\ a_{21} & a_{22} \end{vmatrix}$$

称为**二阶行列式**，它表示 $a_{11}a_{22}$ 与 $a_{12}a_{21}$ 的差，即

$$\begin{vmatrix} a_{11} & a_{12} \\ a_{21} & a_{22} \end{vmatrix}=a_{11}a_{22}-a_{12}a_{21},$$

等式右边的式子称为二阶行列式的**展开式**．

在二阶行列式中，横排称为**行**，竖排称为**列**，数 a_{ij} ($i=1,2;j=1,2$) 称为二阶行列式的**元素**．元素 a_{ij} 的第一个下角标 i 称为**行标**，表明该元素位于第 i 行；第二个下角标 j 称为**列标**，表明该元素位于第 j 列．

3. 对角线法则

二阶行列式的展开式可以用**对角线法则**来记忆(如图 1 - 1).

把 a_{11}，a_{22} 所在直线称为**主对角线**，a_{12}，a_{21} 所在直线称为**副对角线**，于是二阶行列式的展开式就是主对角线的两个元素之积与副对角线两个元素之积的差．

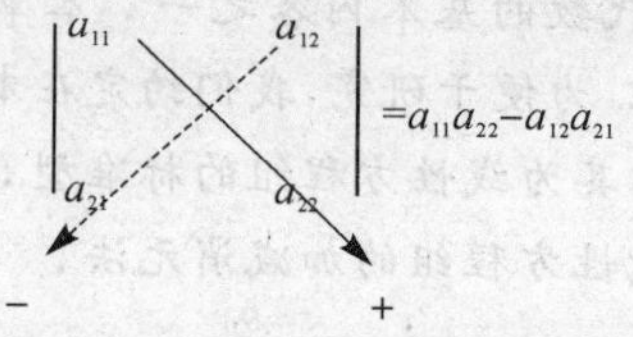

图 1 - 1

4. 二元线性方程组的行列式求解公式

在二元线性方程组的标准型中，未知元系数按原来的相对位置构成的行列式称为该方程组的**系数行列式**，并记做 D.

由二阶行列式的定义得

$$\begin{vmatrix} b_1 & a_{12} \\ b_2 & a_{22} \end{vmatrix} = b_1a_{22}-a_{12}b_2,\quad \begin{vmatrix} a_{11} & b_1 \\ a_{21} & b_2 \end{vmatrix} = a_{11}b_2-b_1a_{21},$$

分别记做 D_1 和 D_2，于是二元线性方程组标准型的求解公式为

$$x_1=\frac{\begin{vmatrix} b_1 & a_{12} \\ b_2 & a_{22} \end{vmatrix}}{\begin{vmatrix} a_{11} & a_{12} \\ a_{21} & a_{22} \end{vmatrix}}=\frac{D_1}{D},\quad x_2=\frac{\begin{vmatrix} a_{11} & b_1 \\ a_{21} & b_2 \end{vmatrix}}{\begin{vmatrix} a_{11} & a_{12} \\ a_{21} & a_{22} \end{vmatrix}}=\frac{D_2}{D},$$

其中，$D\neq 0$.

例 1 解方程组

$$\begin{cases} 4x_1+3x_2=8, \\ 7x_1+2x_2=5. \end{cases}$$

解 因为

$$D=\begin{vmatrix} 4 & 3 \\ 7 & 2 \end{vmatrix}=8-21=-13\neq 0,$$

又

$$D_1=\begin{vmatrix} 8 & 3 \\ 5 & 2 \end{vmatrix}=16-15=1,$$

$$D_2=\begin{vmatrix} 4 & 8 \\ 7 & 5 \end{vmatrix}=20-56=-36,$$

所以

$$x_1=\frac{D_1}{D}=\frac{1}{-13}=-\frac{1}{13},\quad x_2=\frac{D_2}{D}=\frac{-36}{-13}=\frac{36}{13}.$$

二、三阶行列式

1. 背　景

设三元线性方程组的标准型为

$$\begin{cases} a_{11}x_1+a_{12}x_2+a_{13}x_3=b_1, \\ a_{21}x_1+a_{22}x_2+a_{23}x_3=b_2, \\ a_{31}x_1+a_{32}x_2+a_{33}x_3=b_3. \end{cases}$$

用消元法可得

$$(a_{11}a_{22}a_{33}+a_{12}a_{23}a_{31}+a_{13}a_{21}a_{32}-a_{11}a_{23}a_{32}-a_{12}a_{21}a_{33}-a_{13}a_{22}a_{31})x_1$$
$$=b_1a_{22}a_{33}+a_{12}a_{23}b_3+a_{13}b_2a_{32}-b_1a_{23}a_{32}-a_{12}b_2a_{33}-a_{13}a_{22}b_3,$$
$$(a_{11}a_{22}a_{33}+a_{12}a_{23}a_{31}+a_{13}a_{21}a_{32}-a_{11}a_{23}a_{32}-a_{12}a_{21}a_{33}-a_{13}a_{22}a_{31})x_2$$
$$=a_{11}b_2a_{33}+b_1a_{23}a_{31}+a_{13}a_{21}b_3-a_{11}a_{23}b_3-b_1a_{21}a_{33}-a_{13}b_2a_{31},$$
$$(a_{11}a_{22}a_{33}+a_{12}a_{23}a_{31}+a_{13}a_{21}a_{32}-a_{11}a_{23}a_{32}-a_{12}a_{21}a_{33}-a_{13}a_{22}a_{31})x_3$$
$$=a_{11}a_{22}b_3+a_{12}b_2a_{31}+b_1a_{21}a_{32}-b_1a_{22}a_{31}-a_{12}a_{21}b_3-a_{11}b_2a_{32}.$$

若

$$a_{11}a_{22}a_{33}+a_{12}a_{23}a_{31}+a_{13}a_{21}a_{32}-a_{11}a_{23}a_{32}-a_{12}a_{21}a_{33}-a_{13}a_{22}a_{31}\neq 0,$$

则

$$x_1=\frac{b_1a_{22}a_{33}+a_{12}a_{23}b_3+a_{13}b_2a_{32}-b_1a_{23}a_{32}-a_{12}b_2a_{33}-a_{13}a_{22}b_3}{a_{11}a_{22}a_{33}+a_{12}a_{23}a_{31}+a_{13}a_{21}a_{32}-a_{11}a_{23}a_{32}-a_{12}a_{21}a_{33}-a_{13}a_{22}a_{31}},$$

$$x_2=\frac{a_{11}b_2a_{33}+b_1a_{23}a_{31}+a_{13}a_{21}b_3-a_{11}a_{23}b_3-b_1a_{21}a_{33}-a_{13}b_2a_{31}}{a_{11}a_{22}a_{33}+a_{12}a_{23}a_{31}+a_{13}a_{21}a_{32}-a_{11}a_{23}a_{32}-a_{12}a_{21}a_{33}-a_{13}a_{22}a_{31}},$$

$$x_3=\frac{a_{11}a_{22}b_3+a_{12}b_2a_{31}+b_1a_{21}a_{32}-b_1a_{22}a_{31}-a_{12}a_{21}b_3-a_{11}b_2a_{32}}{a_{11}a_{22}a_{33}+a_{12}a_{23}a_{31}+a_{13}a_{21}a_{32}-a_{11}a_{23}a_{32}-a_{12}a_{21}a_{33}-a_{13}a_{22}a_{31}}.$$

与二元线性方程组的情形相类似，为便于记忆三元线性方程组的求解公式，我们引入三阶行列式的概念.

2. 定　义

定义 2　将九个数写成式子

$$\begin{vmatrix} a_{11} & a_{12} & a_{13} \\ a_{21} & a_{22} & a_{23} \\ a_{31} & a_{32} & a_{33} \end{vmatrix}$$

称为**三阶行列式**，其值规定为

$$\begin{vmatrix} a_{11} & a_{12} & a_{13} \\ a_{21} & a_{22} & a_{23} \\ a_{31} & a_{32} & a_{33} \end{vmatrix}$$

$$=(-1)^{1+1}a_{11}\begin{vmatrix} a_{22} & a_{23} \\ a_{32} & a_{33} \end{vmatrix}+(-1)^{1+2}a_{12}\begin{vmatrix} a_{21} & a_{23} \\ a_{31} & a_{33} \end{vmatrix}+(-1)^{1+3}a_{13}\begin{vmatrix} a_{21} & a_{22} \\ a_{31} & a_{32} \end{vmatrix}$$

$$=a_{11}\begin{vmatrix} a_{22} & a_{23} \\ a_{32} & a_{33} \end{vmatrix}-a_{12}\begin{vmatrix} a_{21} & a_{23} \\ a_{31} & a_{33} \end{vmatrix}+a_{13}\begin{vmatrix} a_{21} & a_{22} \\ a_{31} & a_{32} \end{vmatrix}.$$

将右边二阶行列式展开整理得

$$\begin{vmatrix} a_{11} & a_{12} & a_{13} \\ a_{21} & a_{22} & a_{23} \\ a_{31} & a_{32} & a_{33} \end{vmatrix}$$

$$=a_{11}a_{22}a_{33}+a_{12}a_{23}a_{31}+a_{13}a_{21}a_{32}-a_{11}a_{23}a_{32}-a_{12}a_{21}a_{33}-a_{13}a_{22}a_{31}.$$

3. 对角线法则

三阶行列式的展开式也可以用**对角线法则**来记忆.

称 a_{11},a_{22},a_{33} 所在直线为**主对角线**,a_{13},a_{22},a_{31} 所在直线为**副对角线**.

观察发现,三阶行列式的展开式为六项的代数和,遵循图 1 - 2 所示的规律:每一项均为取自不同行、不同列的三个元素之积,实线相连的三个元素之积取"+"号,虚线相连的三个元素之积取"−"号.

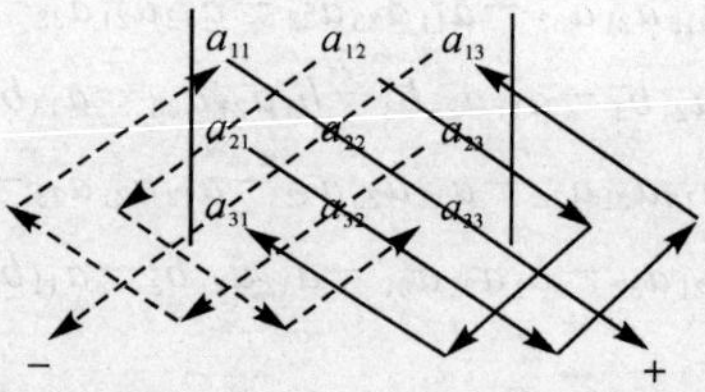

图 1 - 2

4. 三元线性方程组的行列式求解公式

对于三元线性方程组的标准型,未知元系数按原来相对位置构成的行列式称为该方程组的**系数行列式**,并记做 D,

$$D=\begin{vmatrix} a_{11} & a_{12} & a_{13} \\ a_{21} & a_{22} & a_{23} \\ a_{31} & a_{32} & a_{33} \end{vmatrix},$$

记 D_1,D_2,D_3 依次为下面的三阶行列式:

$$D_1=\begin{vmatrix} b_1 & a_{12} & a_{13} \\ b_2 & a_{22} & a_{23} \\ b_3 & a_{32} & a_{33} \end{vmatrix},D_2=\begin{vmatrix} a_{11} & b_1 & a_{13} \\ a_{21} & b_2 & a_{23} \\ a_{31} & b_3 & a_{33} \end{vmatrix},D_3=\begin{vmatrix} a_{11} & a_{12} & b_1 \\ a_{21} & a_{22} & b_2 \\ a_{31} & a_{32} & b_3 \end{vmatrix}.$$

于是,当 $D\neq0$ 时,三元线性方程组的求解公式为

$$x_1=\frac{D_1}{D},x_2=\frac{D_2}{D},x_3=\frac{D_3}{D}.$$

例 2 解方程组

$$\begin{cases} x_1-2x_2+x_3=-2, \\ 2x_1+x_2-3x_3=1, \\ -x_1+x_2-x_3=0. \end{cases}$$

解 因为

$$D=\begin{vmatrix} 1 & -2 & 1 \\ 2 & 1 & -3 \\ -1 & 1 & -1 \end{vmatrix}$$

$$=[1\times1\times(-1)+(-2)\times(-3)\times(-1)+1\times2\times1]$$

$$-[1\times1\times(-1)+1\times(-3)\times1+(-2)\times2\times(-1)]=-5,$$

$$D_1=\begin{vmatrix}-2&2&1\\1&1&-3\\0&1&-1\end{vmatrix}=2+0+1-0-2-6=-5,$$

$$D_2=\begin{vmatrix}1&-2&1\\2&1&-3\\-1&0&-1\end{vmatrix}=-1+(-6)+0-(-1)-0-4=-10,$$

$$D_3=\begin{vmatrix}1&-2&-2\\2&1&1\\-1&1&0\end{vmatrix}=0+2+(-4)-2-1-0=-5,$$

所以该方程组的解为

$$x_1=\frac{D_1}{D}=\frac{-5}{-5}=1,x_2=\frac{D_2}{D}=\frac{-10}{-5}=2,x_3=\frac{D_3}{D}=\frac{-5}{-5}=1.$$

三、n 阶行列式

前面，我们以记忆二元、三元线性方程组的求解公式为背景，定义了二阶行列式和三阶行列式，对于 n 元线性方程组，我们同样需要考虑类似的问题．

三阶行列式是以二阶行列式为基础定义的，即把三阶行列式降为二阶行列式，按此方法我们定义 n 阶行列式．

定义 3 设 $(n-1)(n\geqslant3)$ 阶行列式已经定义，规定由 n^2 个数 $a_{ij}\,(i,j=1,2,\cdots,n)$ 构成的具有 n 行 n 列的式子

$$\begin{vmatrix}a_{11}&a_{12}&\cdots&a_{1n}\\a_{21}&a_{22}&\cdots&a_{2n}\\\vdots&\vdots&&\vdots\\a_{n1}&a_{n2}&\cdots&a_{nn}\end{vmatrix}$$

称为 **n 阶行列式**．其值规定为

$$\begin{vmatrix}a_{11}&a_{12}&\cdots&a_{1n}\\a_{21}&a_{22}&\cdots&a_{2n}\\\vdots&\vdots&&\vdots\\a_{n1}&a_{n2}&\cdots&a_{nn}\end{vmatrix}$$

$$=(-1)^{1+1}a_{11}\begin{vmatrix}a_{22}&a_{23}&\cdots&a_{2n}\\a_{32}&a_{33}&\cdots&a_{3n}\\\vdots&\vdots&&\vdots\\a_{n2}&a_{n3}&\cdots&a_{nn}\end{vmatrix}+(-1)^{1+2}a_{12}\begin{vmatrix}a_{21}&a_{23}&\cdots&a_{2n}\\a_{31}&a_{33}&\cdots&a_{3n}\\\vdots&\vdots&&\vdots\\a_{n1}&a_{n3}&\cdots&a_{nn}\end{vmatrix}+\cdots+$$

$$(-1)^{1+n}a_{1n}\begin{vmatrix}a_{21}&a_{22}&\cdots&a_{2,n-1}\\a_{31}&a_{32}&\cdots&a_{3,n-1}\\\vdots&\vdots&&\vdots\\a_{n1}&a_{n2}&\cdots&a_{n,n-1}\end{vmatrix},$$

其中，n 阶行列式的横排称为**行**，竖排称为**列**，数 $a_{ij}\,(i,j=1,2,\cdots,n)$ 称为 n 阶行列式的

元素．元素 a_{ij} 的第一个下角标 i 称为**行标**，表明该元素位于第 i 行；第二个下角标 j 称为**列标**，表明该元素位于第 j 列．把 $a_{11},a_{22},\cdots,a_{nn}$ 所在直线称为**主对角线**，$a_{1n},a_{2n-1},\cdots,a_{n1}$ 所在直线称为**副对角线**．

当 $n=1$ 时，我们规定 $|a|=a$.

【思考】高于三阶的行列式是否也有对角线展开法则？

定义 4 划去 n 阶行列式中元素 a_{ij} 所在的第 i 行、第 j 列，剩余元素按原来相对次序构成的 $(n-1)$ 阶行列式称为元素 a_{ij} 的余子式，记做 M_{ij}．把 $(-1)^{i+j}M_{ij}$ 称为元素 a_{ij} 的**代数余子式**，记做 A_{ij}，即

$$A_{ij}=(-1)^{i+j}M_{ij}.$$

根据定义 4，三阶行列式和 n 阶行列式可以分别缩写为

$$\begin{aligned}&\begin{vmatrix}a_{11}&a_{12}&a_{13}\\a_{21}&a_{22}&a_{23}\\a_{31}&a_{32}&a_{33}\end{vmatrix}\\&=a_{11}\begin{vmatrix}a_{22}&a_{23}\\a_{32}&a_{33}\end{vmatrix}-a_{12}\begin{vmatrix}a_{21}&a_{23}\\a_{31}&a_{33}\end{vmatrix}+a_{13}\begin{vmatrix}a_{21}&a_{22}\\a_{31}&a_{32}\end{vmatrix}\\&=a_{11}M_{11}-a_{12}M_{12}+a_{13}M_{13}=a_{11}A_{11}+a_{12}A_{12}+a_{13}A_{13},\end{aligned}$$

$$\begin{aligned}&\begin{vmatrix}a_{11}&a_{12}&\cdots&a_{1n}\\a_{21}&a_{22}&\cdots&a_{2n}\\\vdots&\vdots&&\vdots\\a_{n1}&a_{n2}&\cdots&a_{nn}\end{vmatrix}\\&=a_{11}M_{11}-a_{12}M_{12}+\cdots+(-1)^{1+n}a_{1n}M_{1n}\\&=a_{11}A_{11}+a_{12}A_{12}+\cdots+a_{1n}A_{1n}.\end{aligned}$$

例 3 在 n 阶行列式中，主对角线上方的元素都为零的行列式称为**下三角行列式**. 试计算

$$D=\begin{vmatrix}a_{11}&0&\cdots&0\\a_{21}&a_{22}&\cdots&0\\\vdots&\vdots&&\vdots\\a_{n1}&a_{n2}&\cdots&a_{nn}\end{vmatrix}$$

的值．

解 由行列式定义，按第一行展开时，元素 $a_{12},a_{13},\cdots,a_{1n}$ 的值皆为零，所以

$$D=(-1)^{1+1}a_{11}M_{11},$$

以此类推，得

$$D=a_{11}a_{22}\cdots a_{nn}.$$

同理可得，**上三角行列式**

$$D=\begin{vmatrix}a_{11}&a_{12}&\cdots&a_{1n}\\0&a_{22}&\cdots&a_{2n}\\\vdots&\vdots&&\vdots\\0&0&\cdots&a_{nn}\end{vmatrix}=a_{11}a_{22}\cdots a_{nn}.$$

特别地,位于主对角线之外的元素都为零的行列式称为**对角行列式**.显然

$$\begin{vmatrix} a_{11} & 0 & \cdots & 0 \\ 0 & a_{22} & \cdots & 0 \\ \vdots & \vdots & & \vdots \\ 0 & 0 & \cdots & a_{nn} \end{vmatrix} = a_{11}a_{22}\cdots a_{nn}.$$

例 4 计算四阶行列式

$$D = \begin{vmatrix} 1 & 1 & 0 & 2 \\ -1 & 0 & 1 & 0 \\ 1 & 0 & 3 & 1 \\ 0 & 1 & 0 & 0 \end{vmatrix}.$$

解

$$D = 1\times\begin{vmatrix} 0 & 1 & 0 \\ 0 & 3 & 1 \\ 1 & 0 & 0 \end{vmatrix} - 1\times\begin{vmatrix} -1 & 1 & 0 \\ 1 & 3 & 1 \\ 0 & 0 & 0 \end{vmatrix} + 0\times\begin{vmatrix} -1 & 0 & 0 \\ 1 & 0 & 1 \\ 0 & 1 & 0 \end{vmatrix} - 2\times\begin{vmatrix} -1 & 0 & 1 \\ 1 & 0 & 3 \\ 0 & 1 & 0 \end{vmatrix}$$

$$= 1 - 0 + 0 - 8 = -7.$$

第二节 行列式的性质

显然,高阶行列式直接用定义计算较为繁琐.下面介绍行列式的性质,以此简化行列式的计算.记

$$D = \begin{vmatrix} a_{11} & a_{12} & \cdots & a_{1n} \\ a_{21} & a_{22} & \cdots & a_{2n} \\ \vdots & \vdots & & \vdots \\ a_{n1} & a_{n2} & \cdots & a_{nn} \end{vmatrix}, D^{\mathrm{T}} = \begin{vmatrix} a_{11} & a_{21} & \cdots & a_{n1} \\ a_{12} & a_{22} & \cdots & a_{n2} \\ \vdots & \vdots & & \vdots \\ a_{1n} & a_{2n} & \cdots & a_{nn} \end{vmatrix}$$

称行列式 D^{T} 为行列式 D 的转置行列式.

性质 1 行列式与它的转置行列式的值相等.

性质 1 说明,行列式关于行成立的性质对于列也同样成立,反之亦然.

性质 2 互换行列式中两行(列),行列式的值改变符号.

互换 i,j 两行记做 $r_i \leftrightarrow r_j$,互换 i,j 两列记做 $c_i \leftrightarrow c_j$.

推论 1 如果行列式中有两行(列)元素对应相等,则此行列式的值为零.

性质 3 用常数 k 乘以一个行列式,等于此行列式中的某一行(列)中所有的元素都乘以同一常数 k,即

$$k\begin{vmatrix} a_{11} & a_{12} & \cdots & a_{1n} \\ \vdots & \vdots & & \vdots \\ a_{i1} & a_{i2} & \cdots & a_{in} \\ \vdots & \vdots & & \vdots \\ a_{n1} & a_{n2} & \cdots & a_{nn} \end{vmatrix} = \begin{vmatrix} a_{11} & a_{12} & \cdots & a_{1n} \\ \vdots & \vdots & & \vdots \\ ka_{i1} & ka_{i2} & \cdots & ka_{in} \\ \vdots & \vdots & & \vdots \\ a_{n1} & a_{n2} & \cdots & a_{nn} \end{vmatrix}.$$

证 记

$$D=\begin{vmatrix} a_{11} & a_{12} & \cdots & a_{1n} \\ \vdots & \vdots & & \vdots \\ a_{i1} & a_{i2} & \cdots & a_{in} \\ \vdots & \vdots & & \vdots \\ a_{n1} & a_{n2} & \cdots & a_{nn} \end{vmatrix},\overline{D}=\begin{vmatrix} a_{11} & a_{12} & \cdots & a_{1n} \\ \vdots & \vdots & & \vdots \\ ka_{i1} & ka_{i2} & \cdots & ka_{in} \\ \vdots & \vdots & & \vdots \\ a_{n1} & a_{n2} & \cdots & a_{nn} \end{vmatrix},$$

将行列式$\overline{D}$按第 i 行展开，得

$$\overline{D}=ka_{i1}A_{i1}+ka_{i2}A_{i2}+\cdots+ka_{in}A_{in}=k(a_{i1}A_{i1}+a_{i2}A_{i2}+\cdots+a_{in}A_{in})=kD.$$

推论 2 行列式中某一行(列)中所有元素的公因数，可以提取到行列式的外面.

推论 3 如果行列式中某行(列)的元素全为零，则此行列式的值为零.

推论 4 如果一个行列式的两行(列)元素对应成比例，则此行列式的值为零.

性质 4 如果行列式中某行(列)的各元素都是两数之和，则这个行列式等于两个行列式之和. 即

$$\begin{vmatrix} a_{11} & a_{12} & \cdots & a_{1n} \\ \vdots & \vdots & & \vdots \\ a_{i1}+a'_{i1} & a_{i2}+a'_{i2} & \cdots & a_{in}+a'_{in} \\ \vdots & \vdots & & \vdots \\ a_{n1} & a_{n2} & \cdots & a_{nn} \end{vmatrix}$$

$$=\begin{vmatrix} a_{11} & a_{12} & \cdots & a_{1n} \\ \vdots & \vdots & & \vdots \\ a_{i1} & a_{i2} & \cdots & a_{in} \\ \vdots & \vdots & & \vdots \\ a_{n1} & a_{n2} & \cdots & a_{nn} \end{vmatrix}+\begin{vmatrix} a_{11} & a_{12} & \cdots & a_{1n} \\ \vdots & \vdots & & \vdots \\ a'_{i1} & a'_{i2} & \cdots & a'_{in} \\ \vdots & \vdots & & \vdots \\ a_{n1} & a_{n2} & \cdots & a_{nn} \end{vmatrix}.$$

与性质 3 的证明类似，将等式左边的行列式按第 i 行展开即可.

性质 5 把行列式的某一行(列)的元素乘以常数 k 加到另一行(列)对应元素上，行列式的值不变. 即

$$\begin{vmatrix} a_{11} & a_{12} & \cdots & a_{1n} \\ \vdots & \vdots & & \vdots \\ a_{i1} & a_{i2} & \cdots & a_{in} \\ \vdots & \vdots & & \vdots \\ a_{j1} & a_{j2} & \cdots & a_{jn} \\ \vdots & \vdots & & \vdots \\ a_{n1} & a_{n2} & \cdots & a_{nn} \end{vmatrix}\xlongequal{r_i+kr_j}\begin{vmatrix} a_{11} & a_{12} & \cdots & a_{1n} \\ \vdots & \vdots & & \vdots \\ a_{i1}+ka_{j1} & a_{i2}+ka_{j2} & \cdots & a_{in}+ka_{jn} \\ \vdots & \vdots & & \vdots \\ a_{j1} & a_{j2} & \cdots & a_{jn} \\ \vdots & \vdots & & \vdots \\ a_{n1} & a_{n2} & \cdots & a_{nn} \end{vmatrix}.$$

由性质 4 和推论 4 即可证得.

第 j 行的 k 倍加到第 i 行对应元素上记做 r_i+kr_j，第 j 列的 k 倍加到第 i 列对应元素上记做 c_i+kc_j.

定理 1 n 阶行列式 D 等于它的任一行(列)元素与它们所对应的代数余子式乘积之和，即

$$D=\sum_{k=1}^{n}a_{ik}A_{ik}=a_{i1}A_{i1}+a_{i2}A_{i2}+\cdots+a_{in}A_{in}\ (i=1,2,\cdots,n). \tag{1-1}$$

或

$$D=\sum_{k=1}^{n}a_{kj}A_{kj}=a_{1j}A_{1j}+a_{2j}A_{2j}+\cdots+a_{nj}A_{nj}\ (j=1,2,\cdots,n). \qquad (1-2)$$

定理 2 行列式 D 的某一行(列)的元素与另一行(列)对应元素的代数余子式乘积之和等于零,即

$$\sum_{k=1}^{n}a_{ik}A_{jk}=a_{i1}A_{j1}+a_{i2}A_{j2}+\cdots+a_{in}A_{jn}=0$$
$$(i,j=1,2,\cdots,n;i\neq j).$$

或

$$\sum_{k=1}^{n}a_{ki}A_{kj}=a_{1i}A_{1j}+a_{2i}A_{2j}+\cdots+a_{ni}A_{nj}=0$$
$$(i,j=1,2,\cdots,n;i\neq j).$$

定理 1,定理 2 证明从略.

例 1 计算四阶行列式

$$D-\begin{vmatrix}2&0&-1&3\\-1&3&3&0\\1&-1&2&1\\3&-1&0&1\end{vmatrix}.$$

解 观察发现,运用定理 1(1 - 2)式,行列式 D 最终按第二列展开降阶比较简便.

$$D\xlongequal[r_2+3r_4]{r_3-r_4}\begin{vmatrix}2&0&-1&3\\8&0&3&3\\-2&0&2&0\\3&-1&0&1\end{vmatrix}=(-1)^{4+2}\times(-1)\begin{vmatrix}2&-1&3\\8&3&3\\-2&2&0\end{vmatrix}=-60.$$

【思考】运用定理 1(1 - 1)式,行列式 D 最终按第一行展开降阶怎么样?运用(1 - 2)式,行列式 D 最终按第四列展开降阶如何?

例 2 计算行列式

$$D=\begin{vmatrix}3&1&1&1\\1&3&1&1\\1&1&3&1\\1&1&1&3\end{vmatrix}.$$

解 这个行列式的特点是各列元素的和都是 6,所以可以把第 2,3,4 行同时加到第 1 行上去,提出公因子 6,然后各行再减去第一行.

$$D=\begin{vmatrix}3&1&1&1\\1&3&1&1\\1&1&3&1\\1&1&1&3\end{vmatrix}\xlongequal{r_1+(r_2+r_3+r_4)}\begin{vmatrix}6&6&6&6\\1&3&1&1\\1&1&3&1\\1&1&1&3\end{vmatrix}=6\times\begin{vmatrix}1&1&1&1\\1&3&1&1\\1&1&3&1\\1&1&1&3\end{vmatrix}$$

$$\xlongequal[r_4-r_1]{r_2-r_1,\ r_3-r_1}6\times\begin{vmatrix}1&1&1&1\\0&2&0&0\\0&0&2&0\\0&0&0&2\end{vmatrix}=6\times2\times2\times2=48.$$

例 3 计算四阶行列式

$$D=\begin{vmatrix} 2 & 1 & 3 & 2 \\ -1 & 3 & 1 & 4 \\ 1 & 2 & 3 & 1 \\ 2 & 1 & 4 & 5 \end{vmatrix}.$$

解 利用行列式的性质将 D 化为上三角行列式．

$$D=\begin{vmatrix} 2 & 1 & 3 & 2 \\ -1 & 3 & 1 & 4 \\ 1 & 2 & 3 & 1 \\ 2 & 1 & 4 & 5 \end{vmatrix} \xlongequal[①]{r_1 \leftrightarrow r_3} -\begin{vmatrix} 1 & 2 & 3 & 1 \\ -1 & 3 & 1 & 4 \\ 2 & 1 & 3 & 2 \\ 2 & 1 & 4 & 5 \end{vmatrix}$$

$$\xlongequal[r_3-2r_1]{\substack{r_4-r_3 \\ r_2+r_1}} -\begin{vmatrix} 1 & 2 & 3 & 1 \\ 0 & 5 & 4 & 5 \\ 0 & -3 & -3 & 0 \\ 0 & 0 & 1 & 3 \end{vmatrix} \xlongequal[②]{5r_3+3r_2} -\frac{1}{5}\begin{vmatrix} 1 & 2 & 3 & 1 \\ 0 & 5 & 4 & 5 \\ 0 & 0 & -3 & 15 \\ 0 & 0 & 1 & 3 \end{vmatrix}$$

$$\xlongequal{r_4+\frac{1}{3}r_3} -\frac{1}{5}\begin{vmatrix} 1 & 2 & 3 & 1 \\ 0 & 5 & 4 & 5 \\ 0 & 0 & -3 & 15 \\ 0 & 0 & 0 & 8 \end{vmatrix}=24.$$

【思考】

(1)在等号下面序号为①的那一步为什么要添加“－”号？

(2)在等号下面标号为②的那一步为什么要乘以$\frac{1}{5}$？不乘可以吗？乘以$\frac{1}{3}$可以吗？

(3)按照例 1 的方法计算该如何考虑？

(4)你是否可以按本例的解法编写一个小程序，在计算机上计算？

例 4 计算行列式

$$D=\begin{vmatrix} 1 & 0 & -1 & 3 \\ -1 & 3 & 3 & 0 \\ 1 & 3 & 1 & 5 \\ 3 & -1 & 0 & 8 \end{vmatrix}.$$

解 **方法一**

$$D=\begin{vmatrix} 1 & 0 & -1 & 3 \\ -1 & 3 & 3 & 0 \\ 1 & 3 & 1 & 5 \\ 3 & -1 & 0 & 8 \end{vmatrix} \xlongequal[r_3-3r_1]{\substack{r_2+r_1 \\ r_3-r_1}} \begin{vmatrix} 1 & 0 & -1 & 3 \\ 0 & 3 & 2 & 3 \\ 0 & 3 & 2 & 2 \\ 0 & -1 & 3 & -1 \end{vmatrix}$$

$$\xlongequal[3r_4+r_2]{r_3-r_2} \frac{1}{3}\begin{vmatrix} 1 & 0 & -1 & 3 \\ 0 & 3 & 2 & 3 \\ 0 & 0 & 0 & -1 \\ 0 & 0 & 11 & 0 \end{vmatrix} \xlongequal{r_3 \leftrightarrow r_4} -\frac{1}{3}\begin{vmatrix} 1 & 0 & -1 & 3 \\ 0 & 3 & 2 & 3 \\ 0 & 0 & 11 & 0 \\ 0 & 0 & 0 & -1 \end{vmatrix}=11.$$

方法二

$$D=\begin{vmatrix}1&0&-1&3\\-1&3&3&0\\1&3&1&5\\3&-1&0&8\end{vmatrix}\xlongequal[r_3+r_1]{r_2+3r_1}\begin{vmatrix}1&0&-1&3\\2&3&0&9\\2&3&0&8\\3&-1&0&8\end{vmatrix}$$

$$=(-1)^{1+3}(-1)\begin{vmatrix}2&3&9\\2&3&8\\3&-1&8\end{vmatrix}\xlongequal{r_2-r_1}-\begin{vmatrix}2&3&9\\0&0&-1\\3&-1&8\end{vmatrix}$$

$$=-(-1)^{2+3}(-1)\begin{vmatrix}2&3\\3&-1\end{vmatrix}=11.$$

在计算过程中常见以下几种错误：

错误一

$$D=\begin{vmatrix}1&0&-1&3\\-1&3&3&0\\1&3&1&5\\3&-1&0&8\end{vmatrix}\xlongequal{r_1+r_2}\begin{vmatrix}1&0&-1&3\\0&3&2&3\\1&3&1&5\\3&-1&0&8\end{vmatrix}=\cdots$$

错误二

$$D=\begin{vmatrix}1&0&-1&3\\-1&3&3&0\\1&3&1&5\\3&-1&0&8\end{vmatrix}\xlongequal[r_4-3r_1]{\substack{r_2+r_1\\r_3-r_1}}\begin{vmatrix}1&0&-1&3\\0&3&2&3\\0&3&2&2\\0&-1&3&-1\end{vmatrix}$$

$$\xlongequal[3r_4+r_2]{r_3-r_2}\begin{vmatrix}1&0&-1&3\\0&3&2&3\\0&0&0&-1\\0&0&11&0\end{vmatrix}=\cdots$$

错误三

$$D=\begin{vmatrix}1&0&-1&3\\-1&3&3&0\\1&3&1&5\\3&-1&0&8\end{vmatrix}\xlongequal[r_4-3r_1]{\substack{r_2+r_1\\r_3-r_1}}\begin{vmatrix}1&0&-1&3\\0&3&2&3\\0&3&2&2\\0&-1&3&-1\end{vmatrix}$$

$$\xlongequal{r_2\leftrightarrow r_4}\begin{vmatrix}1&0&-1&3\\0&-1&3&-1\\0&3&2&2\\0&3&2&3\end{vmatrix}=\cdots$$

错误四

$$D=\begin{vmatrix}1&0&-1&3\\-1&3&3&0\\1&3&1&5\\3&-1&0&8\end{vmatrix}\xlongequal[r_4+3r_2]{\substack{r_2+r_1\\r_3+r_2}}\begin{vmatrix}1&0&-1&3\\0&3&2&3\\0&6&4&5\\0&8&9&8\end{vmatrix}=\cdots$$

错误五

$$D=\begin{vmatrix}1&0&-1&3\\-1&3&3&0\\1&3&1&5\\3&-1&0&8\end{vmatrix}\xlongequal[r_3-3r_1]{\substack{r_2+r_1\\r_3-r_1}}\begin{vmatrix}1&0&-1&3\\0&3&2&3\\0&3&2&2\\0&-1&3&-1\end{vmatrix}=\cdots$$

【思考】上述解法中出现的错误或不合理到底是什么原因？

例 5 计算行列式

$$D=\begin{vmatrix}1&0&-1&-1\\0&-1&-1&1\\a&b&c&d\\-1&-1&1&0\end{vmatrix}.$$

解

$$D\xlongequal[c_4+c_1]{c_3+c_1}\begin{vmatrix}1&0&0&0\\0&-1&-1&1\\a&b&a+c&a+d\\-1&-1&0&-1\end{vmatrix}=\begin{vmatrix}-1&-1&1\\b&a+c&a+d\\-1&0&-1\end{vmatrix}$$

$$\xlongequal{c_3-c_1}\begin{vmatrix}-1&-1&2\\b&a+c&a+d-b\\-1&0&0\end{vmatrix}=(-1)(-1)^{3+1}\begin{vmatrix}-1&2\\a+c&a+d-b\end{vmatrix}$$

$$=3a-b+2c+d.$$

随着计算机数学软件的开发与普及，计算高阶行列式的值可用数学软件实现．本书附录介绍了 MATLAB 软件，只需输入一个命令语句，即可解决复杂的行列式的计算问题．

第三节 克莱姆法则

在第一节中，我们给出了二元线性方程组和三元线性方程组的行列式求解公式，本节将此结论推广到 n 元线性方程组．

对于 n 元线性方程组的标准形式

$$\begin{cases}a_{11}x_1+a_{12}x_2+\cdots+a_{1n}x_n=b_1,\\a_{21}x_1+a_{22}x_2+\cdots+a_{2n}x_n=b_2,\\\qquad\cdots\cdots\\a_{n1}x_1+a_{n2}x_2+\cdots+a_{nn}x_n=b_n,\end{cases}\qquad(1-3)$$

若 $b_1,b_2,\cdots,b_n$ 不全为零，则称为**非齐次线性方程组**；若 $b_1,b_2,\cdots,b_n$ 全都为零，则称为**齐次线性方程组**．

我们把

$$D=\begin{vmatrix} a_{11} & a_{12} & \cdots & a_{1n} \\ a_{21} & a_{22} & \cdots & a_{2n} \\ \vdots & \vdots & & \vdots \\ a_{n1} & a_{n2} & \cdots & a_{nn} \end{vmatrix}$$

称为线性方程组的**系数行列式**．又记

$$D_j=\begin{vmatrix} a_{11} & \cdots & a_{1,j-1} & b_1 & a_{1,j+1} & \cdots & a_{1n} \\ a_{21} & \cdots & a_{2,j-1} & b_2 & a_{2,j+1} & \cdots & a_{2n} \\ \vdots & & \vdots & \vdots & \vdots & & \vdots \\ a_{n1} & \cdots & a_{n,j-1} & b_n & a_{n,j+1} & \cdots & a_{nn} \end{vmatrix}.$$

其中 $j=1,2,\cdots,n$.

D_j 是用方程右端的常数列

$$b_1,b_2,\cdots,b_n$$

来替换系数行列式 D 中的第 j 列而得到的．

克莱姆法则 如果线性方程组标准型(1 - 3)的系数行列式 $D\neq 0$,则方程组有唯一解

$$x_1=\frac{D_1}{D},x_2=\frac{D_2}{D},\cdots,x_n=\frac{D_n}{D}. \tag{1 - 4}$$

例 1 解线性方程组

$$\begin{cases} 2x_1+x_2-5x_3+x_4=8, \\ x_1-3x_2-6x_4=9, \\ 2x_2-x_3+2x_4=-5, \\ x_1+4x_2-7x_3+6x_4=0. \end{cases}$$

解 因为

$$D=\begin{vmatrix} 2 & 1 & -5 & 1 \\ 1 & -3 & 0 & -6 \\ 0 & 2 & -1 & 2 \\ 1 & 4 & -7 & 6 \end{vmatrix} \xlongequal[r_4-r_2]{r_1-2r_2} \begin{vmatrix} 0 & 7 & -5 & 13 \\ 1 & -3 & 0 & -6 \\ 0 & 2 & -1 & 2 \\ 0 & 7 & -7 & 12 \end{vmatrix}$$

$$=1\times(-1)^{2+1}\begin{vmatrix} 7 & -5 & 13 \\ 2 & -1 & 2 \\ 7 & -7 & 12 \end{vmatrix} \xlongequal{r_3-r_1} -\begin{vmatrix} 7 & -5 & 13 \\ 2 & -1 & 2 \\ 0 & -2 & -1 \end{vmatrix}=27\neq 0,$$

所以,该线性方程组有唯一解．又因为

$$D_1=\begin{vmatrix} 8 & 1 & -5 & 1 \\ 9 & -3 & 0 & -6 \\ -5 & 2 & -1 & 2 \\ 0 & 4 & -7 & 6 \end{vmatrix} \xlongequal[c_4-2c_2]{c_1+3c_2} \begin{vmatrix} 11 & 1 & -5 & -1 \\ 0 & -3 & 0 & 0 \\ 1 & 2 & -1 & -2 \\ 12 & 4 & -7 & -2 \end{vmatrix}$$

$$=-3\times(-1)^{2+2}\begin{vmatrix} 11 & -5 & -1 \\ 1 & -1 & -2 \\ 12 & -7 & -2 \end{vmatrix} \xlongequal{r_3-r_1} -3\times\begin{vmatrix} 11 & -5 & -1 \\ 1 & -1 & -2 \\ 1 & -2 & -1 \end{vmatrix}$$

$$\xlongequal[r_2-2r_3]{r_1-r_3} -3\times\begin{vmatrix} 10 & -3 & 0 \\ -1 & 3 & 0 \\ 1 & -2 & -1 \end{vmatrix}=81,$$

$$D_2=\begin{vmatrix}2 & 8 & -5 & 1\\1 & 9 & 0 & -6\\0 & -5 & -1 & 2\\1 & 0 & -7 & 6\end{vmatrix}=-108,$$

$$D_3=\begin{vmatrix}2 & 1 & 8 & 1\\1 & -3 & 9 & -6\\0 & 2 & -5 & 2\\1 & 4 & 0 & 6\end{vmatrix}=-27,$$

$$D_4=\begin{vmatrix}2 & 1 & -5 & 8\\1 & -3 & 0 & 9\\0 & 2 & -1 & -5\\1 & 4 & -7 & 0\end{vmatrix}=27,$$

所以

$$x_1=\frac{D_1}{D}=\frac{81}{27}=3,x_2=\frac{D_2}{D}=\frac{-108}{27}=-4,$$

$$x_3=\frac{D_3}{D}=\frac{-27}{27}=-1,x_4=\frac{D_4}{D}=\frac{27}{27}=1.$$

【思考】请读者完成 D_2,D_3,D_4 的计算．

在研究线性方程组的解的过程中，克莱姆法则起着重要作用．如果抛开公式(1 - 4)，克莱姆法则可改述为：

定理 1 若线性方程组(1 - 3)的系数行列式 $D\neq0$，则线性方程组(1 - 3)一定有解，并且解是唯一的．

定理 1 的逆否命题为：

定理 2 若线性方程组(1 - 3)无解或有解但不唯一，则(1 - 3)的系数行列式必为零．

显然，齐次线性方程组

$$\begin{cases}a_{11}x_1+a_{12}x_2+\cdots+a_{1n}x_n=0,\\a_{21}x_1+a_{22}x_2+\cdots+a_{2n}x_n=0,\\\cdots\cdots\\a_{n1}x_1+a_{n2}x_2+\cdots+a_{nn}x_n=0\end{cases}\tag{1 - 5}$$

有解

$$x_1=x_2=\cdots=x_n=0,$$

称其为齐次线性方程组(1 - 5)的**零解**；

若有一组不全为零的数

$$x_1=\xi_1,x_2=\xi_2,\cdots,x_n=\xi_n$$

是(1 - 5)的解，则称其为齐次线性方程组(1 - 5)的**非零解**．

齐次线性方程组一定有零解，但不一定有非零解．

把定理 1 应用于齐次线性方程组(1 - 5)，有

定理 3 若齐次线性方程组(1 - 5)的系数行列式 $D\neq0$，则齐次线性方程组(1 - 5)无非零解．

定理 3 的逆否命题为：

定理 4 若齐次线性方程组(1 - 5)有非零解，则齐次线性方程组(1 - 5)的系数行列式一定为零．

可以证明，齐次线性方程组(1 - 5)的系数行列式 $D=0$ 是齐次线性方程组(1 - 5)有非零解的充分必要条件．

以上结论在第四章将会得到运用．

习 题 一

1. 计算下列行列式并对比观察其特征．

(1) $\begin{vmatrix} 2 & 0 & 0 \\ 0 & 3 & 0 \\ 0 & 0 & 4 \end{vmatrix}$；　　(2) $\begin{vmatrix} 2 & 100 & 2 \\ 0 & 3 & 78 \\ 0 & 0 & 4 \end{vmatrix}$；

(3) $\begin{vmatrix} 0 & 0 & 2 \\ 0 & 3 & 0 \\ 4 & 0 & 0 \end{vmatrix}$；　　(4) $\begin{vmatrix} 1 & 0 & 0 & 0 \\ 0 & 2 & 0 & 0 \\ 0 & 0 & 3 & 0 \\ 0 & 0 & 0 & 4 \end{vmatrix}$，

(5) $\begin{vmatrix} 0 & 0 & 0 & 1 \\ 0 & 0 & 2 & 0 \\ 0 & 3 & 0 & 0 \\ 4 & 0 & 0 & 0 \end{vmatrix}$；　　(6) $\begin{vmatrix} 1 & 10 & 20 & 88 \\ 0 & 2 & -56 & 109 \\ 0 & 0 & 3 & 123 \\ 0 & 0 & 0 & 4 \end{vmatrix}$．

2. 利用行列式求解下列方程组．

(1) $\begin{cases} x_1+2x_2=1, \\ 3x_1+8x_2=2; \end{cases}$　　(2) $\begin{cases} x_1+x_2-2x_3=-1, \\ 2x_1-2x_2+3x_3=2, \\ 3x_1-x_2+2x_3=3. \end{cases}$

3. 按照提示，运用行列式性质计算，并对比、观察它们的特点．

(1) $\begin{vmatrix} 1 & 2 & 3 & 4 \\ 2 & 5 & 2 & 0 \\ 0 & 0 & 1 & 0 \\ 0 & 0 & 0 & 1 \end{vmatrix}$；$(r_2-2r_1)$　　(2) $\begin{vmatrix} 1 & 2 & 3 & 4 \\ 0 & 1 & 2 & 0 \\ 3 & 6 & 1 & 0 \\ 0 & 0 & 0 & 1 \end{vmatrix}$；$(r_3-3r_1)$

(3) $\begin{vmatrix} 1 & 2 & 3 & 4 \\ 2 & 5 & 2 & 0 \\ 3 & 6 & 1 & 0 \\ 0 & 0 & 0 & 1 \end{vmatrix}$；$(r_2-2r_1, r_3-3r_1)$

(4) $\begin{vmatrix} 1 & 2 & 3 & 4 \\ 0 & 1 & 2 & 0 \\ 3 & 7 & 1 & 0 \\ 0 & 0 & 0 & 1 \end{vmatrix}$；$(r_3-3r_1)$

(5) $\begin{vmatrix} 1 & 2 & 3 & 4 \\ 2 & 1 & 2 & 0 \\ 3 & 7 & 1 & 0 \\ 0 & 0 & 1 & 1 \end{vmatrix}$;$(r_2-2r_1, r_3-3r_1)$

(6) $\begin{vmatrix} 1 & 2 & 3 & 4 \\ 2 & 1 & 2 & 0 \\ 3 & 7 & 1 & 0 \\ -1 & 0 & 1 & 1 \end{vmatrix}$.$(r_2-2r_1, r_3-3r_1, r_4+r_1)$

4. 运用两种方法计算下列行列式.

方法一:选定某行或者某列直接展开;

方法二:先用行或列的性质,再展开((3)～(6)题).

(1) $\begin{vmatrix} 1 & 0 & 0 & 4 \\ 2 & 5 & 2 & 0 \\ 1 & 2 & 1 & 0 \\ 3 & -1 & -2 & 0 \end{vmatrix}$;　　(2) $\begin{vmatrix} 1 & 2 & 3 & 4 \\ 0 & 1 & 0 & 2 \\ 3 & 7 & 1 & 3 \\ 0 & 0 & 0 & 1 \end{vmatrix}$;

(3) $\begin{vmatrix} 1 & 2 & 3 & 0 \\ 2 & 5 & 2 & 0 \\ 1 & 0 & 0 & 4 \\ 3 & -1 & -2 & 1 \end{vmatrix}$;　　(4) $\begin{vmatrix} 1 & 0 & 0 & 4 \\ 2 & 5 & 2 & 0 \\ 1 & 2 & 1 & 0 \\ 3 & -1 & -2 & 1 \end{vmatrix}$;

(5) $\begin{vmatrix} 1 & 2 & 3 & 4 \\ 0 & 1 & 0 & 2 \\ 3 & 7 & 1 & 3 \\ 2 & -1 & 3 & 1 \end{vmatrix}$;　　(6) $\begin{vmatrix} 1 & 2 & -1 & 4 \\ 2 & 1 & 2 & 3 \\ 3 & 7 & 1 & 2 \\ -1 & 0 & 1 & 1 \end{vmatrix}$.

5. 计算行列式.

$$D=\begin{vmatrix} a & 1 & 1 & 1 \\ 1 & a & 1 & 1 \\ 1 & 1 & a & 1 \\ 1 & 1 & 1 & a \end{vmatrix}.$$

6. 思考题:下面线性方程组的系数行列式有什么特点?线性方程组是否有解?有解时,解的情况如何?

(1) $\begin{cases} x_1+x_2-2x_3=0, \\ 2x_1+3x_2-5x_3=0, \\ 3x_1+5x_2-7x_3=0; \end{cases}$　　(2) $\begin{cases} x_1+x_2-2x_3=0, \\ 2x_1+3x_2-5x_3=0, \\ 3x_1+4x_2-7x_3=0; \end{cases}$

(3) $\begin{cases} x_1+x_2-2x_3=-1, \\ 2x_1+2x_2-4x_3=-2, \\ 3x_1+3x_2-6x_3=-3; \end{cases}$　　(4) $\begin{cases} x_1+x_2-2x_3=-1, \\ 2x_1+2x_2-4x_3=-2, \\ 3x_1+3x_2-6x_3=-4. \end{cases}$

7. 用克莱姆法则解下列方程组．

(1) $\begin{cases} 2x_1+5x_2=-2, \\ x_1-3x_3=1, \\ x_1+4x_2-x_3=0; \end{cases}$　　(2) $\begin{cases} x_1+x_2-2x_3+x_4=1, \\ 2x_1-3x_2=2, \\ x_1+x_2+x_4=0, \\ x_1-5x_3+x_4=-1. \end{cases}$

8. 设齐次线性方程组

$$\begin{cases} x_1-x_2+x_3=0, \\ 2x_1+\lambda x_2+(2-\lambda)x_3=0, \\ x_1+(1+\lambda)x_2=0 \end{cases}$$

有非零解，求 λ 的值．

注：按照高职高专数学教学的基本要求，本教材简略地介绍了行列式的基本内容．行列式概念以易于读者接受的递归降阶法给出，n 级排列法定义请参阅其他教材．

数学小资料

行列式发展简史

行列式出现于线性方程组的求解，它最早是一种速记的表达式，现在已经是数学中一种非常有用的工具．

行列式是由莱布尼茨和日本数学家关孝和发明的．1693 年 4 月，莱布尼茨在给洛比达的一封信中使用并提出了行列式，并给出了方程组的系数行列式为零的条件．

同时代的日本数学家关孝和 1638 年在其著作《解伏题元法》中也提出了行列式的概念与算法．

1750 年，瑞士数学家克莱姆(G. Cramer，1704～1752)在其著作《线性代数分析导引》中，对行列式的定义和展开法则给出了比较完整、明确的阐述，并给出了现在我们所称的解线性方程组的“克莱姆法则”．

稍后，数学家贝祖(E. Bezout，1730～1783)将确定行列式每一项符号的方法进行了系统化，利用系数行列式概念指出了如何判断一个齐次线性方程组有非零解．

总之，在很长一段时间内，行列式只是作为解线性方程组的一种工具使用，并没有人意识到它可以独立于线性方程组之外，单独形成一门理论加以研究．

在行列式的发展史上，第一个对行列式理论作出连贯的逻辑的阐述，即把行列式理论与线性方程组求解相分离的人，是法国数学家范德蒙(A－T. Vandermonde，1735～1796)．

范德蒙自幼在父亲的指导下学习音乐，但对数学有浓厚的兴趣，后来获得法兰西科学院院士．特别地，他给出了用二阶子式和它们的余子式来展开行列式的法则．就行列式来说，他是这门理论的奠基人．

1772 年，拉普拉斯在一篇论文中证明了范德蒙提出的一些规则，推广了他的展开行列式的方法．

继范德蒙之后，在行列式理论方面，又一位作出突出贡献的就是另一位法国大数学家柯西.1815 年,柯西在一篇论文中给出了行列式的第一个系统的、几乎是近代的处理,其中主要结果之一是行列式的乘法定理.另外,他第一个把行列式的元素排成方阵,采用双足标记法,引进了行列式特征方程的术语,给出了相似行列式概念,改进了拉普拉斯的行列式展开定理并给出了一个证明等.

19 世纪的半个多世纪中,对行列式理论研究始终不渝的学者之一是詹姆士·西尔维斯特(J. Sylvester,1814～1897).他是一个活泼、敏感、兴奋、热情,甚至容易激动的人,然而因为是犹太人的缘故,他受到剑桥大学的不平等的对待,但西尔维斯特用火一样的热情介绍他的学术思想.他有很多重要成就.

继柯西之后,在行列式理论方面最多产的人就是德国数学家雅可比(J. Jacobi,1804～1851),他引进了函数行列式,即"雅可比行列式",指出函数行列式在多重积分的变量替代中的作用,给出了函数行列式的导数公式.雅可比的著名论文《论行列式的形成和性质》标志着行列式系统理论的建成.

由于行列式在数学分析、几何学、线性方程组理论、二次型理论等多方面的应用,促使行列式理论在 19 世纪得到了很大的发展.

第二章 矩 阵

【内容提要】矩阵是线性代数的主要内容之一．本章简要介绍矩阵的基本概念及其线性运算，乘法运算，矩阵的初等变换，分块矩阵．

【预备知识】二元、三元线性方程组解法，行列式．

【学习目标】

1. 理解矩阵等基本概念；

2. 掌握矩阵的线性运算和乘法运算，会求非奇异方阵的逆矩阵；

3. 掌握用初等行变换把矩阵化成行阶梯形矩阵和行最简形矩阵的方法．

第一节 矩阵概念

一、矩阵的定义

1. 引 例

在科学技术研究和生产、生活实际中，到处都有大量的问题和矩形数表相关．

引例 1 沈阳市某户居民第三季度每个月的水(单位：t)、电(单位：kW·h)、天然气(单位：m^3)使用情况，可以用一个三行三列的数表表示如下：

	水	电	气
7月	10	190	15
8月	10	195	16
9月	9	165	14

对应的简洁形式：

$$\begin{bmatrix} 10 & 190 & 15 \\ 10 & 195 & 16 \\ 9 & 165 & 14 \end{bmatrix}.$$

引例 2 线性方程组

$$\begin{cases} 3x_1+2x_2-x_3=1, \\ x_1+2x_3=4, \\ -4x_1+3x_2+5x_3=3 \end{cases}$$

的解，只与方程组中未知元系数及右端常数项有关，将系数及常数项按照它们在方程组中原来的相对位置排成数表，有

$$\begin{pmatrix} 3 & 2 & -1 & 1 \\ 1 & 0 & 2 & 4 \\ -4 & 3 & 5 & 3 \end{pmatrix},$$

此数表与线性方程组一一对应，即用系数分离法（系数与未知数分开）表示线性方程组，此表决定着给定方程组解的情况．

2. 定　义

定义　由 $m\times n$ 个数 $a_{ij}(i=1,2,\cdots,m;j=1,2,\cdots,n)$ 排成的 m 行 n 列数表

$$\begin{pmatrix} a_{11} & a_{12} & \cdots & a_{1n} \\ a_{21} & a_{22} & \cdots & a_{2n} \\ \vdots & \vdots & & \vdots \\ a_{m1} & a_{m2} & \cdots & a_{mn} \end{pmatrix}$$

称为 m 行 n 列**矩阵**，简称 $m\times n$ **矩阵**，记做 $(a_{ij})_{m\times n}$ 或 $(a_{ij})_{mn}$．**矩阵**的横排称为**行**，竖排称为**列**．a_{ij} 称为矩阵的**元素**，简称**元**，它处在第 i 行、第 j 列．矩阵常用大写黑体字母 $\boldsymbol{A},\boldsymbol{B},\boldsymbol{C},\cdots$ 表示．有时把 m 行 n 列矩阵记做 $\boldsymbol{A}_{m\times n}$ 或 $\boldsymbol{A}_{mn}$．

显然，矩阵和行列式是两个完全不同的概念．

【思考】矩阵和行列式有何区别和联系？

二、特殊矩阵

元素都是实数的矩阵称为**实矩阵**，元素中含有复数的矩阵称为**复矩阵**，本书中的矩阵都是实矩阵．

当 $m=n$ 时，称 $\boldsymbol{A}$ 为 n 阶矩阵或 n 阶**方阵**，记做 $\boldsymbol{A}_{nn}$ 或 $\boldsymbol{A}_n$．规定一阶方阵就是一个数，记做 (a)．

元素都是 0 的矩阵称为**零矩阵**，记做 $\mathbf{0}$ 或 $\boldsymbol{O}$.

仅有一行的矩阵称为**行矩阵**，仅有一列的矩阵称为**列矩阵**．

若 $\boldsymbol{A}=(a_{ij})_{mn}$ 与 $\boldsymbol{B}=(b_{ij})_{mn}$ 的对应元都相等，则称矩阵 $\boldsymbol{A}$ 与 $\boldsymbol{B}$ **相等**，记做 $\boldsymbol{A}=\boldsymbol{B}$.

方阵中从左上角到右下角的元素所在直线称为**主对角线**．主对角线以下所有元都为零的方阵称为**上三角形矩阵**，主对角线以上所有元都为零的方阵称为**下三角形矩阵**．主对角线以外的元素全为零的方阵称为**对角矩阵**，简称**对角阵**．对角线上的元都为 1 的对角阵称为**单位矩阵**，简称**单位阵**，记做 $\boldsymbol{E}_n$ 或 $\boldsymbol{E}$.

对于 n 阶方阵 $\boldsymbol{A}=(a_{ij})$ 中的元，若总有 $a_{ij}=a_{ji}$，则称 $\boldsymbol{A}$ 为 n 阶**对称矩阵**．

对称矩阵的元以主对角线为对称轴对应相等，如

$$\begin{pmatrix} 1 & 3 & 5 \\ 3 & 2 & -4 \\ 5 & -4 & 3 \end{pmatrix}$$

为对称矩阵．

第二节　矩 阵 运 算

一、加法与数乘

1. 加　法

若两个矩阵的行数相等，列数也相等，我们称之为**同型矩阵**.

定义 1　设有两个矩阵 $\boldsymbol{A}=(a_{ij})_{mn}$，$\boldsymbol{B}=(b_{ij})_{mn}$，矩阵 $\boldsymbol{A}$ 与 $\boldsymbol{B}$ 的和记做 $\boldsymbol{A}+\boldsymbol{B}$，规定为

$$\boldsymbol{A}+\boldsymbol{B}=\begin{bmatrix} a_{11}+b_{11} & a_{12}+b_{12} & \cdots & a_{1n}+b_{1n} \\ a_{21}+b_{21} & a_{22}+b_{22} & \cdots & a_{2n}+b_{2n} \\ \vdots & \vdots & & \vdots \\ a_{m1}+b_{m1} & a_{m2}+b_{m2} & \cdots & a_{mn}+b_{mn} \end{bmatrix}.$$

由定义可知，只有两个同型矩阵才能够相加.

若 $\boldsymbol{A}=(a_{ij})$，记 $-\boldsymbol{A}=(-a_{ij})$，读做负 $\boldsymbol{A}$，称为 $\boldsymbol{A}$ 的**负矩阵**，则 $\boldsymbol{A}+(-\boldsymbol{A})=\boldsymbol{O}$.

由矩阵加法及负矩阵，可以定义矩阵的**减法**为

$$\boldsymbol{A}-\boldsymbol{B}=\boldsymbol{A}+(-\boldsymbol{B}).$$

设 $\boldsymbol{A},\boldsymbol{B},\boldsymbol{C}$ 为同型矩阵，矩阵加法满足下面运算律：

(1) $\boldsymbol{A}+\boldsymbol{B}=\boldsymbol{B}+\boldsymbol{A}$；

(2) $(\boldsymbol{A}+\boldsymbol{B})+\boldsymbol{C}=\boldsymbol{A}+(\boldsymbol{B}+\boldsymbol{C})$.

2. 数乘矩阵

定义 2　以数 k 乘以矩阵 $\boldsymbol{A}$ 的每一个元所得到的矩阵，称为**数 k 与矩阵 $\boldsymbol{A}$ 的积**，记做 $k\boldsymbol{A}$. 即

$$k\boldsymbol{A}=k\begin{bmatrix} a_{11} & a_{12} & \cdots & a_{1n} \\ a_{21} & a_{22} & \cdots & a_{2n} \\ \vdots & \vdots & & \vdots \\ a_{m1} & a_{m2} & \cdots & a_{mn} \end{bmatrix}=\begin{bmatrix} ka_{11} & ka_{12} & \cdots & ka_{1n} \\ ka_{21} & ka_{22} & \cdots & ka_{2n} \\ \vdots & \vdots & & \vdots \\ ka_{m1} & ka_{m2} & \cdots & ka_{mn} \end{bmatrix}.$$

数乘矩阵满足下面运算律(设 $\boldsymbol{A},\boldsymbol{B}$ 为同型矩阵)：

(1) $k(\boldsymbol{A}+\boldsymbol{B})=k\boldsymbol{A}+k\boldsymbol{B}$；

(2) $(k+l)\boldsymbol{A}=k\boldsymbol{A}+l\boldsymbol{A}$；

(3) $(kl)\boldsymbol{A}=k(l\boldsymbol{A})$.

例 1　设 $2\boldsymbol{A}+\boldsymbol{X}=\boldsymbol{B}-2\boldsymbol{X}$，求矩阵 $\boldsymbol{X}$. 其中

$$\boldsymbol{A}=\begin{pmatrix} 1 & -2 & 0 \\ 4 & 3 & 5 \end{pmatrix},\boldsymbol{B}=\begin{pmatrix} 8 & 2 & 6 \\ 5 & 3 & 4 \end{pmatrix}.$$

解　由 $2\boldsymbol{A}+\boldsymbol{X}=\boldsymbol{B}-2\boldsymbol{X}$ 得

$$\boldsymbol{X}=\frac{1}{3}[\boldsymbol{B}-2\boldsymbol{A}]=\frac{1}{3}\left[\begin{pmatrix} 8 & 2 & 6 \\ 5 & 3 & 4 \end{pmatrix}-\begin{pmatrix} 2 & -4 & 0 \\ 8 & 6 & 10 \end{pmatrix}\right]$$

$$=\frac{1}{3}\begin{pmatrix} 6 & 6 & 6 \\ -3 & -3 & -6 \end{pmatrix}=\begin{pmatrix} 2 & 2 & 2 \\ -1 & -1 & -2 \end{pmatrix}.$$

二、矩阵与矩阵的乘法

1. 背　景

矩阵乘法是在研究两个线性变换的合成变换时产生的一种运算.

设有两个线性变换

$$(1)\begin{cases} z_1=a_{11}y_1+a_{12}y_2+a_{13}y_3, \\ z_2=a_{21}y_1+a_{22}y_2+a_{23}y_3; \end{cases}$$

$$(2)\begin{cases} y_1=b_{11}x_1+b_{12}x_2, \\ y_2=b_{21}x_1+b_{22}x_2, \\ y_3=b_{31}x_1+b_{32}x_2. \end{cases}$$

求用变量 x_1,x_2 表示变量 z_1,z_2 的线性变换(或求从变量 x_1,x_2 到变量 z_1,z_2 的线性变换).

将线性变换(2)代入线性变换(1),整理得

$$\begin{cases} z_1=(a_{11}b_{11}+a_{12}b_{21}+a_{13}b_{31})x_1+(a_{11}b_{12}+a_{12}b_{22}+a_{13}b_{32})x_2, \\ z_2=(a_{21}b_{11}+a_{22}b_{21}+a_{23}b_{31})x_1+(a_{21}b_{12}+a_{22}b_{22}+a_{23}b_{32})x_2. \end{cases}$$

简记为

$$(3)\begin{cases} z_1=c_{11}x_1+c_{12}x_2, \\ z_2=c_{21}x_1+c_{22}x_2. \end{cases}$$

线性变换(1)(2)(3)所对应的矩阵依次记为

$$\boldsymbol{A}=\begin{bmatrix} a_{11} & a_{12} & a_{13} \\ a_{21} & a_{22} & a_{23} \end{bmatrix},\boldsymbol{B}=\begin{bmatrix} b_{11} & b_{12} \\ b_{21} & b_{22} \\ b_{31} & b_{32} \end{bmatrix},\boldsymbol{C}=\begin{bmatrix} c_{11} & c_{12} \\ c_{21} & c_{22} \end{bmatrix},$$

其中

$$c_{ij}=\sum_{k=1}^{3}a_{ik}b_{kj}\,(i=1,2;j=1,2),$$

即矩阵 $\boldsymbol{C}$ 的第 i 行、第 j 列元素,等于矩阵 $\boldsymbol{A}$ 的第 i 行元素与矩阵 $\boldsymbol{B}$ 的第 j 列元素对应乘积之和.

我们把线性变换(3)称为线性变换(1)与(2)的乘积,相应地,线性变换(3)所对应的矩阵 $\boldsymbol{C}$ 称为线性变换(1)与(2)对应的矩阵 $\boldsymbol{A}$ 与 $\boldsymbol{B}$ 的乘积.

2. 乘法定义

定义 3　设 $\boldsymbol{A}=(a_{ij})_{ms}$,$\boldsymbol{B}=(b_{ij})_{sn}$,规定**矩阵 $\boldsymbol{A}$ 与 $\boldsymbol{B}$ 的乘积**为矩阵 $\boldsymbol{C}=(c_{ij})_{mn}$,其中

$$c_{ij}=\sum_{k=1}^{s}a_{ik}b_{kj}\,(i=1,2,\cdots,m;j=1,2,\cdots,n),$$

并把此乘积记做 $\boldsymbol{AB}$,即 $\boldsymbol{C}=\boldsymbol{AB}$.

矩阵 $\boldsymbol{C}$ 的第 i 行、第 j 列的元素 c_{ij},是矩阵 $\boldsymbol{A}$ 的第 i 行各元分别与矩阵 $\boldsymbol{B}$ 的第 j 列各对应元乘积之和,并且矩阵 $\boldsymbol{C}$ 是 $m\times n$ 矩阵.

3. 可乘条件

由定义可知,只有**$\boldsymbol{A}$的列数等于$\boldsymbol{B}$的行数时**,$\boldsymbol{AB}$ 才有意义.

例 2　(1)已知 $\boldsymbol{A}=\begin{bmatrix} 2 & -1 \\ -4 & 0 \\ 3 & 1 \end{bmatrix}$,$\boldsymbol{B}=\begin{pmatrix} 7 & -9 \\ -8 & 10 \end{pmatrix}$,求 $\boldsymbol{AB}$;

(2)已知 $A=\begin{pmatrix}a_1\\a_2\\\vdots\\a_n\end{pmatrix}$，$B=(b_1,b_2,\cdots,b_n)$，求 AB 与 BA；

(3)已知 $A=\begin{pmatrix}1&1\\-1&-1\end{pmatrix}$，$B=\begin{pmatrix}1&-1\\-1&1\end{pmatrix}$，求 AB 与 BA.

解　(1)

$$AB=\begin{pmatrix}2&-1\\-4&0\\3&1\end{pmatrix}\begin{pmatrix}7&-9\\-8&10\end{pmatrix}$$

$$=\begin{pmatrix}2\times7+(-1)\times(-8)&2\times(-9)+(-1)\times10\\(-4)\times7+0\times(-8)&(-4)\times(-9)+0\times10\\3\times7+1\times(-8)&3\times(-9)+1\times10\end{pmatrix}=\begin{pmatrix}22&-28\\-28&36\\13&-17\end{pmatrix}.$$

(2)

$$AB=\begin{pmatrix}a_1\\a_2\\\vdots\\a_n\end{pmatrix}(b_1,b_2,\cdots,b_n)=\begin{pmatrix}a_1b_1&a_1b_2&\cdots&a_1b_n\\a_2b_1&a_2b_2&\cdots&a_2b_n\\\vdots&\vdots&&\vdots\\a_nb_1&a_nb_2&\cdots&a_nb_n\end{pmatrix},$$

而

$$BA=(b_1,b_2,\cdots,b_n)\begin{pmatrix}a_1\\a_2\\\vdots\\a_n\end{pmatrix}=(b_1a_1+b_2a_2+\cdots+b_na_n).$$

(3)

$$AB=\begin{pmatrix}1&1\\-1&-1\end{pmatrix}\begin{pmatrix}1&-1\\-1&1\end{pmatrix}=\begin{pmatrix}0&0\\0&0\end{pmatrix},$$

$$BA=\begin{pmatrix}1&-1\\-1&1\end{pmatrix}\begin{pmatrix}1&1\\-1&-1\end{pmatrix}=\begin{pmatrix}2&2\\-2&-2\end{pmatrix}.$$

4. 运算律

矩阵乘法满足以下运算律(假设运算都是可行的)：

(1)结合律

$(AB)C=A(BC)$；

$\lambda(AB)=(\lambda A)B=A(\lambda B)$($\lambda$ 为常数).

(2)分配律

$A(B+C)=AB+AC$；

$(B+C)A=BA+CA$.

例 3　将线性变换

$$(1)\begin{cases} z_1 = a_{11}y_1 + a_{12}y_2 + a_{13}y_3, \\ z_2 = a_{21}y_1 + a_{22}y_2 + a_{23}y_3, \end{cases}$$

$$(2)\begin{cases} y_1 = b_{11}x_1 + b_{12}x_2, \\ y_2 = b_{21}x_1 + b_{22}x_2, \\ y_3 = b_{31}x_1 + b_{32}x_2, \end{cases}$$

$$(3)\begin{cases} z_1 = c_{11}x_1 + c_{12}x_2, \\ z_2 = c_{21}x_1 + c_{22}x_2, \end{cases}$$

写成矩阵形式．

解 设 $\boldsymbol{A}=\begin{pmatrix} a_{11} & a_{12} & a_{13} \\ a_{21} & a_{22} & a_{23} \end{pmatrix}$，$\boldsymbol{B}=\begin{pmatrix} b_{11} & b_{12} \\ b_{21} & b_{22} \\ b_{31} & b_{32} \end{pmatrix}$，

$$\boldsymbol{C}=\begin{pmatrix} c_{11} & c_{12} \\ c_{21} & c_{22} \end{pmatrix},\boldsymbol{X}=\begin{pmatrix} x_1 \\ x_2 \end{pmatrix},\boldsymbol{Y}=\begin{pmatrix} y_1 \\ y_2 \\ y_3 \end{pmatrix},\boldsymbol{Z}=\begin{pmatrix} z_1 \\ z_2 \end{pmatrix},$$

则

$$\boldsymbol{Z}=\boldsymbol{AY},\boldsymbol{Y}=\boldsymbol{BX},\boldsymbol{Z}=\boldsymbol{CX},$$
$$\boldsymbol{Z}=\boldsymbol{AY}=\boldsymbol{A}(\boldsymbol{BX})=(\boldsymbol{AB})\boldsymbol{X}=\boldsymbol{CX},$$
$$\boldsymbol{C}=\boldsymbol{AB}.$$

可见，求从变量 x_1,x_2 到变量 z_1,z_2 的线性变换，只要求出 $\boldsymbol{AB}$，就可以直接写出所求的线性变换．

5. 说　明

(1)矩阵乘法不满足交换律，即在一般情况下，

$$\boldsymbol{AB}\neq\boldsymbol{BA}.$$

(2)$\boldsymbol{A}\neq\boldsymbol{O},\boldsymbol{B}\neq\boldsymbol{O}$，但可能有 $\boldsymbol{AB}=\boldsymbol{O}$，即两个非零矩阵的乘积可能是零矩阵．

(3)若

$$\boldsymbol{AC}=\boldsymbol{BC}，或(\boldsymbol{A}-\boldsymbol{B})\boldsymbol{C}=\boldsymbol{O},$$

当 $\boldsymbol{C}\neq\boldsymbol{O}$ 时，不能推出

$$\boldsymbol{A}=\boldsymbol{B} 或 \boldsymbol{A}-\boldsymbol{B}=\boldsymbol{O},$$

即一般不能在等式两端同时消去矩阵 $\boldsymbol{C}$. 也就是矩阵乘法不满足消去律．

6. 单位阵特性

对于单位阵 $\boldsymbol{E}$，有

$$\boldsymbol{E}_m\boldsymbol{A}_{mn}=\boldsymbol{A}_{mn},\boldsymbol{A}_{mn}\boldsymbol{E}_n=\boldsymbol{A}_{mn}.$$

若 $\boldsymbol{A}$ 与 $\boldsymbol{E}$ 是同阶方阵，则有

$$\boldsymbol{EA}=\boldsymbol{AE}=\boldsymbol{A}.$$

由此可见，在矩阵乘法中，单位阵 $\boldsymbol{E}$ 起着类似于实数中自然数 1 的作用．

7. 方阵的乘幂

由于矩阵乘法满足结合律，故可以定义方阵的乘幂．设 $\boldsymbol{A}$ 是 n 阶方阵，规定

$$\boldsymbol{A}^1=\boldsymbol{A},\boldsymbol{A}^2=\boldsymbol{A}^1\boldsymbol{A}^1,\cdots,\boldsymbol{A}^{k+1}=\boldsymbol{A}^k\boldsymbol{A}^1,$$

其中 k 为正整数．也就是说，k 个 $\boldsymbol{A}$ 的连乘积称为 $\boldsymbol{A}$ 的 **k 次幂**，记做 $\boldsymbol{A}^k$，即

$$A^k = \underbrace{AA\cdots A}_{k个}.$$

显然，只有方阵才有 k 次幂，且满足以下运算律：

$$A^kA^l = A^{k+l}, (A^k)^l = A^{kl},$$

其中，k,l 为正整数．

值得注意的是，当 A,B 为同阶方阵时，

$$(AB)^k = \underbrace{(AB)(AB)\cdots(AB)}_{k个},$$

而

$$A^kB^k = \underbrace{AA\cdots A}_{k个}\underbrace{BB\cdots B}_{k个},$$

这两个等式的右端，只有当 $AB=BA$（称为 A 与 B 可交换）时才相等．因此，对方阵的幂来说，一般地，

$$(AB)^k \neq A^kB^k.$$

8. 线性方程组的矩阵形式

矩阵的乘法有着广泛的应用，许多复杂的问题借助于矩阵乘法可以表达得很简便，例如，对于线性方程组的标准型

$$\begin{cases} a_{11}x_1 + a_{12}x_2 + \cdots + a_{1n}x_n = b_1, \\ a_{21}x_1 + a_{22}x_2 + \cdots + a_{2n}x_n = b_2, \\ \cdots\cdots \\ a_{m1}x_1 + a_{m2}x_2 + \cdots + a_{mn}x_n = b_m, \end{cases}$$

设

$$A = \begin{pmatrix} a_{11} & a_{12} & \cdots & a_{1n} \\ a_{21} & a_{22} & \cdots & a_{2n} \\ \vdots & \vdots & & \vdots \\ a_{m1} & a_{m2} & \cdots & a_{mn} \end{pmatrix}, X = \begin{pmatrix} x_1 \\ x_2 \\ \vdots \\ x_n \end{pmatrix}, b = \begin{pmatrix} b_1 \\ b_2 \\ \vdots \\ b_m \end{pmatrix},$$

则线性方程组的标准型可用矩阵形式表示为

$$AX = b.$$

三、矩阵的转置

定义 4 将 $m\times n$ 矩阵 A 的行与列依次互换，得到的 $n\times m$ 矩阵，称为矩阵 A 的**转置矩阵**，记为 A^T．即

$$A = \begin{pmatrix} a_{11} & a_{12} & \cdots & a_{1n} \\ a_{21} & a_{22} & \cdots & a_{2n} \\ \vdots & \vdots & & \vdots \\ a_{m1} & a_{m2} & \cdots & a_{mn} \end{pmatrix}, A^T = \begin{pmatrix} a_{11} & a_{21} & \cdots & a_{m1} \\ a_{12} & a_{22} & \cdots & a_{m2} \\ \vdots & \vdots & & \vdots \\ a_{1n} & a_{2n} & \cdots & a_{mn} \end{pmatrix}.$$

转置矩阵有如下性质：

(1) $(A^T)^T = A$；

(2) $(A+B)^T = A^T + B^T$；

(3) $(k\boldsymbol{A})^{\mathrm{T}}=k\boldsymbol{A}^{\mathrm{T}}$；

(4) $(\boldsymbol{AB})^{\mathrm{T}}=\boldsymbol{B}^{\mathrm{T}}\boldsymbol{A}^{\mathrm{T}}$.

四、方阵的行列式

定义 5 由方阵 $\boldsymbol{A}$ 的元按原来次序所构成的行列式，称为**方阵 $\boldsymbol{A}$ 的行列式**，记做 $|\boldsymbol{A}|$.

设 $\boldsymbol{A},\boldsymbol{B}$ 为 n 阶方阵，λ 为常数，则方阵的行列式有运算规律：

(1) $|\boldsymbol{A}^{\mathrm{T}}|=|\boldsymbol{A}|$；

(2) $|\lambda\boldsymbol{A}|=\lambda^n|\boldsymbol{A}|$（$n$ 是方阵 $\boldsymbol{A}$ 的阶）；

(3) $|\boldsymbol{AB}|=|\boldsymbol{A}||\boldsymbol{B}|$.

(3)的情形还可以推广到多个 n 阶方阵相乘的情形．如果 $\boldsymbol{A}_1,\boldsymbol{A}_2,\cdots,\boldsymbol{A}_k$ 都是 n 阶方阵，则

$$|\boldsymbol{A}_1\boldsymbol{A}_2\cdots\boldsymbol{A}_k|=|\boldsymbol{A}_1||\boldsymbol{A}_2|\cdots|\boldsymbol{A}_k|.$$

五、方阵 $\boldsymbol{A}$ 的伴随矩阵

已知方阵 $\boldsymbol{A}=\begin{pmatrix}1&0&1\\2&1&0\\-3&2&-5\end{pmatrix}$，我们按照以下特定的次序写出行列式 $|\boldsymbol{A}|$ 的所有元素的代数余子式．

$$A_{11}=\begin{vmatrix}1&0\\2&-5\end{vmatrix}=-5,\quad A_{21}=-\begin{vmatrix}0&1\\2&-5\end{vmatrix}=2,\quad A_{31}=\begin{vmatrix}0&1\\1&0\end{vmatrix}=-1,$$

$$A_{12}=-\begin{vmatrix}2&0\\-3&-5\end{vmatrix}=10,\quad A_{22}=\begin{vmatrix}1&1\\-3&-5\end{vmatrix}=-2,\quad A_{32}=-\begin{vmatrix}1&1\\2&0\end{vmatrix}=2,$$

$$A_{13}=\begin{vmatrix}2&1\\-3&2\end{vmatrix}=7,\quad A_{23}=-\begin{vmatrix}1&0\\-3&2\end{vmatrix}=-2,\quad A_{33}=\begin{vmatrix}1&0\\2&1\end{vmatrix}=1.$$

【思考】

1. 仔细看看，这种书写的次序有什么特点？
2. 我们按照这种特定的次序写出方阵

$$\begin{pmatrix}-5&2&-1\\10&-2&2\\7&-2&1\end{pmatrix},$$

将此方阵记做 $\boldsymbol{A}^*$，并称其为方阵 $\boldsymbol{A}$ 的**伴随矩阵**．我们将在介绍逆矩阵时用到 $\boldsymbol{A}^*$.

请读者计算 $\boldsymbol{AA}^*$ 和 $\boldsymbol{A}^*\boldsymbol{A}$，看看有什么特点．

$$\boldsymbol{AA}^*=\begin{pmatrix}1&0&1\\2&1&0\\-3&2&-5\end{pmatrix}\begin{pmatrix}-5&2&-1\\10&-2&2\\7&-2&1\end{pmatrix}=?$$

$$\boldsymbol{A}^*\boldsymbol{A}=\begin{pmatrix}-5&2&-1\\10&-2&2\\7&-2&1\end{pmatrix}\begin{pmatrix}1&0&1\\2&1&0\\-3&2&-5\end{pmatrix}=?$$

一般地,若

$$A=\begin{pmatrix} a_{11} & a_{12} & \cdots & a_{1n} \\ a_{21} & a_{22} & \cdots & a_{2n} \\ \vdots & \vdots & & \vdots \\ a_{n1} & a_{n2} & \cdots & a_{nn} \end{pmatrix},$$

则方阵 A 的伴随矩阵为

$$A^*=\begin{pmatrix} A_{11} & A_{21} & \cdots & A_{n1} \\ A_{12} & A_{22} & \cdots & A_{n2} \\ \vdots & \vdots & & \vdots \\ A_{1n} & A_{2n} & \cdots & A_{nn} \end{pmatrix},$$

总有

$$AA^*=A^*A=|A|E$$

成立.

第三节 矩阵的初等变换

一、矩阵的初等变换

矩阵的初等变换在解线性方程组、求逆矩阵及矩阵理论的研究中有着十分重要的作用.

定义 1 下列三种变换,称为矩阵的**初等行变换**:

(1)交换两行(交换 i,j 两行,记做 $r_i\leftrightarrow r_j$);

(2)以数 $\lambda\neq 0$ 乘某一行中的所有元(λ 乘第 i 行记做 λr_i);

(3)把某一行的所有元的 λ 倍加到另一行的对应元上(第 j 行的 λ 倍加到第 i 行上,记做 $r_i+\lambda r_j$).

把定义 1 中的行换成列,即得到矩阵的**初等列变换**.

矩阵的初等行变换与初等列变换统称**矩阵的初等变换**.

显然,矩阵的三种初等变换都是可逆的,且其逆变换是同一类初等变换.

如果矩阵 A 经过有限次初等行变换变成 B,就称矩阵 A 与矩阵 B **行等价**,记做

$$A\overset{r}{\sim}B;$$

如果矩阵 A 经过有限次初等列变换变成 B,就称矩阵 A 与 B **列等价**,记做

$$A\overset{c}{\sim}B;$$

如果矩阵 A 经过有限次初等变换变成矩阵 B,就称矩阵 A 与 B **等价**,记做

$$A\sim B.$$

矩阵之间的等价关系具有下列性质:

(1)反身性:$A\sim A$;

(2)对称性:若 $A\sim B$,则 $B\sim A$;

(3)传递性:若 $A\sim B$,$B\sim C$,则 $A\sim C$.

二、阶梯形矩阵

如果矩阵 $\boldsymbol{A}$ 的某一行各个元素均为零，则称该行为矩阵 $\boldsymbol{A}$ 的**零行**，否则称为**非零行**.

设矩阵 $\boldsymbol{A}$ 为

$$\boldsymbol{A}=\begin{pmatrix}3&-1&5&-1&0\\0&2&-7&4&2\\0&0&0&0&4\\0&0&0&0&0\end{pmatrix}.$$

观察发现从第一行开始，每一非零行的第一个非零元(首非零元)所在列的下方元素全为 0，矩阵的零行(如果存在的话)在矩阵的下方．我们称这一类矩阵为**行阶梯形矩阵**.

利用初等行变换可以把矩阵化为行阶梯形矩阵.

例 1 试将矩阵

$$\boldsymbol{C}=\begin{pmatrix}1&1&2&3&1\\0&1&1&-4&1\\1&2&3&-1&4\\2&3&-1&-1&-6\end{pmatrix}$$

化为行阶梯形矩阵.

解

$$\boldsymbol{C}\overset{\substack{r_3-r_1\\r_4-2r_1}}{\sim}\begin{pmatrix}1&1&2&3&1\\0&1&1&-4&1\\0&1&1&-4&3\\0&1&-5&-7&-8\end{pmatrix}\overset{\substack{r_3-r_2\\r_4-r_2\\r_4\leftrightarrow r_3}}{\sim}\begin{pmatrix}1&1&2&3&1\\0&1&1&-4&1\\0&0&-6&-3&-9\\0&0&0&0&2\end{pmatrix}=\boldsymbol{C}_1.$$

还可以利用初等行变换将矩阵

$$\boldsymbol{A}=\begin{pmatrix}3&-1&5&-1&0\\0&2&-7&4&2\\0&0&0&0&4\\0&0&0&0&0\end{pmatrix}$$

进一步化为

$$\boldsymbol{A}_1=\begin{pmatrix}1&0&a_{13}&a_{14}&0\\0&1&a_{23}&a_{24}&0\\0&0&0&0&1\\0&0&0&0&0\end{pmatrix}.$$

我们将这种形式称为**行最简形矩阵**.

【思考】

(1)你能将 $\boldsymbol{A}_1$ 中的 a_{13}，a_{14}，a_{23}，a_{24} 求出来吗？

(2)你能将 $\boldsymbol{C}_1$ 化为行最简形矩阵吗？

三、初等矩阵

定义 2 由单位阵 $\boldsymbol{E}$ 经过一次初等变换所得到的方阵称为**初等矩阵**.

由定义 2 和初等变换的三种形式可以推得,初等矩阵有三种类型,下面分类介绍并分析其作用.

1. 对调单位阵 $\boldsymbol{E}$ 的两行(或两列)

把 n 阶单位阵 $\boldsymbol{E}_n$ 中第 i,j 两行对调($r_i \leftrightarrow r_j$)得到的初等矩阵记做 $\boldsymbol{E}_n(i,j)$,即

$$\boldsymbol{E}_n(i,j)=\begin{pmatrix}1 & & & & & & & \\ & \ddots & & & & & & \\ & & 0 & \cdots & \cdots & \cdots & 1 & & \\ & & \vdots & 1 & & & \vdots & & \\ & & \vdots & & \ddots & & \vdots & & \\ & & \vdots & & & 1 & \vdots & & \\ & & 1 & \cdots & \cdots & \cdots & 0 & & \\ & & & & & & & \ddots & \\ & & & & & & & & 1\end{pmatrix}\begin{matrix}\text{第 1 行} \\ \\ \text{第 } i \text{ 行} \\ \\ \\ \\ \text{第 } j \text{ 行} \\ \\ \text{第 } n \text{ 行}\end{matrix}$$

$\boldsymbol{E}_n(i,j)$的作用:

(1)用 m 阶初等矩阵 $\boldsymbol{E}_m(i,j)$左乘矩阵 $\boldsymbol{A}=(a_{ij})_{m\times n}$,得

$$\boldsymbol{E}_m(i,j)\boldsymbol{A}=\begin{pmatrix}a_{11} & \cdots & a_{1n} \\ \vdots & & \vdots \\ a_{j1} & \cdots & a_{jn} \\ \vdots & & \vdots \\ a_{i1} & \cdots & a_{in} \\ \vdots & & \vdots \\ a_{m1} & \cdots & a_{mn}\end{pmatrix}\begin{matrix}\text{第 1 行} \\ \\ \text{第 } i \text{ 行} \\ \\ \text{第 } j \text{ 行} \\ \\ \text{第 } m \text{ 行}\end{matrix}$$

相当于把 $\boldsymbol{A}$ 的第 i 行和第 j 行对调($r_i \leftrightarrow r_j$),即对矩阵 $\boldsymbol{A}$ 施以第一种初等行变换.

(2)用 n 阶初等矩阵 $\boldsymbol{E}_n(i,j)$右乘矩阵 $\boldsymbol{A}_{m\times n}$,相当于把 $\boldsymbol{A}$ 的第 i 列和第 j 列对调($c_i \leftrightarrow c_j$),即对矩阵 $\boldsymbol{A}$ 施以第一种初等列变换.

2. 以非零常数 λ 乘以 $\boldsymbol{E}$ 的某一行(或某一列)

以数 $\lambda \neq 0$ 乘以 n 阶单位阵 $\boldsymbol{E}_n$ 的第 i 行(λr_i)所得初等矩阵记做 $\boldsymbol{E}_n(i(\lambda))$,即

$$\boldsymbol{E}_n(i(\lambda))=\begin{pmatrix}1 & & & & & & \\ & \ddots & & & & & \\ & & 1 & & & & \\ & & & \lambda & & & \\ & & & & 1 & & \\ & & & & & \ddots & \\ & & & & & & 1\end{pmatrix}\begin{matrix} \\ \\ \\ \text{第 } i \text{ 行} \\ \\ \\ \\ \end{matrix}$$

$\boldsymbol{E}_n(i(\lambda))$的作用:

(1)用 $\boldsymbol{E}_m(i(\lambda))$左乘矩阵 $\boldsymbol{A}_{m\times n}$,相当于以数 λ 乘以 $\boldsymbol{A}$ 的第 i 行(λr_i);

(2)用 $\boldsymbol{E}_n(i(\lambda))$右乘矩阵 $\boldsymbol{A}_{m\times n}$,相当于以数 λ 乘以 $\boldsymbol{A}$ 的第 i 列(λc_i).

3. 以数 λ 乘以某行(列)加到另一行(列)上

以数 λ 乘单位阵的第 j 行加到第 i 行上($r_i+\lambda r_j$)或以 λ 乘 $\boldsymbol{E}$ 的第 j 列加到第 i 列上($c_i+\lambda c_j$),得初等矩阵

$$\boldsymbol{E}(i,j(\lambda))=\begin{pmatrix}1 & & & & & \\ & \ddots & & & & \\ & & 1 & \cdots & \lambda & \\ & & & \ddots & \vdots & \\ & & & & 1 & \\ & & & & & \ddots & \\ & & & & & & 1\end{pmatrix}\begin{matrix} \\ \\ 第\,i\,行 \\ \\ 第\,j\,行 \\ \\ \\ \end{matrix}$$

$\boldsymbol{E}_m(i,j(\lambda))$的作用:

(1)以 $\boldsymbol{E}_m(i,j(\lambda))$左乘矩阵 $\boldsymbol{A}_{m\times n}$,相当于对 $\boldsymbol{A}$ 作初等行变换 $r_i+\lambda r_j$;

(2)以 $\boldsymbol{E}_n(i,j(\lambda))$右乘矩阵 $\boldsymbol{A}_{m\times n}$,相当于对 $\boldsymbol{A}$ 作初等列变换 $c_j+\lambda c_i$.

由上面的讨论我们得出以下结论:

设 $\boldsymbol{A}$ 是一个 $m\times n$ 矩阵,对 $\boldsymbol{A}$ 作一次初等行变换,相当于在 $\boldsymbol{A}$ 的左边乘以相应的 m 阶初等矩阵;

对 $\boldsymbol{A}$ 作一次初等列变换,相当于在 $\boldsymbol{A}$ 的右边乘以相应的 n 阶初等矩阵.

例如,设

$$\boldsymbol{A}=\begin{pmatrix}a_{11} & a_{12} & a_{13} & a_{14}\\ a_{21} & a_{22} & a_{23} & a_{24}\\ a_{31} & a_{32} & a_{33} & a_{34}\end{pmatrix},$$

我们知道

$$\boldsymbol{E}_3(2,3)=\begin{pmatrix}1 & 0 & 0\\ 0 & 0 & 1\\ 0 & 1 & 0\end{pmatrix}.$$

由于矩阵 $\boldsymbol{E}_3(2,3)$是第一类三阶初等矩阵,根据上面的结论,初等矩阵 $\boldsymbol{E}_3(2,3)$左乘 $\boldsymbol{A}$ 相当于交换 $\boldsymbol{A}$ 的第二、三行. 实际上

$$\boldsymbol{E}_3(2,3)\boldsymbol{A}=\begin{pmatrix}1 & 0 & 0\\ 0 & 0 & 1\\ 0 & 1 & 0\end{pmatrix}\begin{pmatrix}a_{11} & a_{12} & a_{13} & a_{14}\\ a_{21} & a_{22} & a_{23} & a_{24}\\ a_{31} & a_{32} & a_{33} & a_{34}\end{pmatrix}=\begin{pmatrix}a_{11} & a_{12} & a_{13} & a_{14}\\ a_{31} & a_{32} & a_{33} & a_{34}\\ a_{21} & a_{22} & a_{23} & a_{24}\end{pmatrix}.$$

第四节 矩阵的秩

一、矩阵秩的概念

1. k 阶子式

定义 1 设 $\boldsymbol{A}=(a_{ij})$是 $m\times n$ 矩阵,从 $\boldsymbol{A}$ 中任取 k 行 k 列($k\leqslant\min(m,n)$),位于这些行和

列的相交处的元，按照它们原来的相对位置所构成的 k 阶行列式，称为矩阵 $\boldsymbol{A}$ 的一个 **k 阶子式**.

例如

$$\boldsymbol{A}=\begin{pmatrix} 1 & 3 & 4 & 5 \\ -1 & 0 & 2 & 3 \\ 0 & 1 & -1 & 0 \end{pmatrix},$$

矩阵 $\boldsymbol{A}$ 的第一、三两行，第二、四两列相交处的元所构成的二阶行列式 $\begin{vmatrix} 3 & 5 \\ 1 & 0 \end{vmatrix}$ 就是矩阵 $\boldsymbol{A}$ 的一个二阶子式.

2. 矩阵 $\boldsymbol{A}$ 的最高阶非零子式

下面我们来介绍**最高阶非零子式**的概念. 设 $\boldsymbol{A}$ 是一个 $m\times n$ 矩阵.

当 $\boldsymbol{A}=\boldsymbol{O}$ 时，它的任何子式都为零.

当 $\boldsymbol{A}\neq\boldsymbol{O}$ 时，它至少有一个元不为零，即它至少有一个一阶子式不为零. 我们接着考虑二阶子式，如果 $\boldsymbol{A}$ 中有一个二阶子式不为零，那么再往下考虑三阶子式，依此类推，最后必然出现 $\boldsymbol{A}$ 中有 r 阶子式（$1\leqslant r\leqslant\min(m,n)$）不为零，而再没有比 r 更高阶的不为零的子式. 这个不为零的子式的最高阶数 r 反映了矩阵 $\boldsymbol{A}$ 内在的重要特性，在矩阵的理论及应用中都有重要意义. 如

$$\boldsymbol{A}=\begin{pmatrix} 1 & 2 & 3 & 0 \\ 0 & 1 & 2 & 1 \\ 0 & 0 & 0 & 0 \end{pmatrix},$$

$\boldsymbol{A}$ 中有二阶子式 $\begin{vmatrix} 1 & 2 \\ 0 & 1 \end{vmatrix}=1\neq 0$，但 $\boldsymbol{A}$ 的任何三阶子式皆为零，即 $\boldsymbol{A}$ 的不为零的子式最高阶数 $r=2$.

3. 矩阵秩的概念

定义 2　设 $\boldsymbol{A}$ 是 $m\times n$ 矩阵，如果 $\boldsymbol{A}$ 中不为零的子式最高阶数为 r，即存在 r 阶子式不为零，而任何 $(r+1)$ 阶子式（如果存在的话）皆为零，则称 r 为矩阵 $\boldsymbol{A}$ 的**秩**，记做 $R(\boldsymbol{A})=r$. 当 $\boldsymbol{A}=\boldsymbol{O}$ 时，规定 $R(\boldsymbol{A})=0$.

上例中，$R(\boldsymbol{A})=2$.

显然 $R(\boldsymbol{A})=R(\boldsymbol{A}^{\mathrm{T}})$，

$0\leqslant R(\boldsymbol{A})\leqslant\min(m,n)$.

4. 满秩矩阵与降秩矩阵

对于 n 阶方阵 $\boldsymbol{A}$，当 $R(\boldsymbol{A})=n$ 时，称方阵 $\boldsymbol{A}$ 为**满秩矩阵**或**非奇异矩阵**，否则称 $\boldsymbol{A}$ 为**降秩矩阵**或**奇异矩阵**.

二、矩阵秩的求法

利用定义 2 求矩阵的秩显然是比较麻烦的，下面我们介绍简便方法.

1. 等价矩阵的秩相等

定理 1 若 $\boldsymbol{A}\sim\boldsymbol{B}$，则 $R(\boldsymbol{A})=R(\boldsymbol{B})$.

定理 1 说明，如果矩阵 $\boldsymbol{A}$ 的秩不好求，但是与 $\boldsymbol{A}$ 等价的矩阵 $\boldsymbol{B}$ 的秩好求，那么，我们可以通过对矩阵 $\boldsymbol{A}$ 施行等价变换，即通过对矩阵 $\boldsymbol{A}$ 施行初等行变换(或初等列变换)，得到矩阵 $\boldsymbol{A}$ 的等价的矩阵 $\boldsymbol{B}$，进而，由矩阵 $\boldsymbol{B}$ 的秩得到矩阵 $\boldsymbol{A}$ 的秩.

那么，矩阵 $\boldsymbol{B}$ 是什么样的形状时，它的秩容易得到呢？

2. 行阶梯形矩阵的秩等于其非零行数

我们来考察行阶梯形矩阵的秩. 设

$$\boldsymbol{B}=\begin{pmatrix}1&0&1&1&2\\0&1&2&-1&1\\0&0&0&4&1\\0&0&0&0&0\end{pmatrix},$$

位于第一、二、三行和第一、二、四列交叉点处的元素构成矩阵 $\boldsymbol{B}$ 的一个三阶子式

$$\begin{vmatrix}1&0&1\\0&1&-1\\0&0&4\end{vmatrix}=4,$$

而矩阵 $\boldsymbol{B}$ 的所有四阶子式均为零，它是矩阵 $\boldsymbol{B}$ 的一个最高阶非零子式，故 $\boldsymbol{R}(\boldsymbol{B})=3$.

由此可知，行阶梯形矩阵的秩等于其非零行数.

3. 矩阵秩的求法

(1)将矩阵 $\boldsymbol{A}$ 化为行阶梯形矩阵 $\boldsymbol{B}$；

(2)数行阶梯形矩阵 $\boldsymbol{B}$ 的非零行数，得到矩阵 $\boldsymbol{A}$ 的秩 $R(\boldsymbol{A})$.

例 1 求矩阵 $\boldsymbol{A}=\begin{pmatrix}1&0&0&1\\1&2&0&-1\\3&-1&0&4\\1&4&5&1\end{pmatrix}$ 的秩.

解 因为

$$\boldsymbol{A}=\begin{pmatrix}1&0&0&1\\1&2&0&-1\\3&-1&0&4\\1&4&5&1\end{pmatrix}\xrightarrow[r_4-r_1]{\substack{r_2-r_1\\r_3-3r_1}}\sim\begin{pmatrix}1&0&0&1\\0&2&0&-2\\0&-1&0&1\\0&4&5&0\end{pmatrix}$$

$$\xrightarrow[r_2\leftrightarrow r_3]{(-1)r_3}\sim\begin{pmatrix}1&0&0&1\\0&1&0&-1\\0&2&0&-2\\0&4&5&0\end{pmatrix}\xrightarrow[r_3\leftrightarrow r_4]{\substack{r_3-2r_2\\r_4-4r_2}}\sim\begin{pmatrix}1&0&0&1\\0&1&0&-1\\0&0&5&4\\0&0&0&0\end{pmatrix}=\boldsymbol{B},$$

所以 $R(\boldsymbol{A})=3$.

例 2　求矩阵 $\boldsymbol{A}=\begin{pmatrix}1 & 3 & -1 & -2\\ 2 & -1 & 2 & 3\\ 3 & 2 & 1 & 1\\ 1 & -4 & 3 & 5\end{pmatrix}$ 的秩．

解　因为

$$\boldsymbol{A}=\begin{pmatrix}1 & 3 & -1 & -2\\ 2 & -1 & 2 & 3\\ 3 & 2 & 1 & 1\\ 1 & -4 & 3 & 5\end{pmatrix}\overset{\substack{r_2-2r_1\\ r_3-3r_1\\ r_4-r_1}}{\sim}\begin{pmatrix}1 & 3 & -1 & -2\\ 0 & -7 & 4 & 7\\ 0 & -7 & 4 & 7\\ 0 & -7 & 4 & 7\end{pmatrix}$$

$$\overset{\substack{r_3-r_2\\ r_4-r_2}}{\sim}\begin{pmatrix}1 & 3 & -1 & -2\\ 0 & -7 & 4 & 7\\ 0 & 0 & 0 & 0\\ 0 & 0 & 0 & 0\end{pmatrix},$$

所以 $R(\boldsymbol{A})=2$.

例 3　求矩阵 $\boldsymbol{A}$ 的秩，并求它的一个最高阶非零子式．

$$\boldsymbol{A}=\begin{pmatrix}1 & -1 & 2 & 1 & 0\\ 2 & -2 & 4 & -2 & 0\\ 3 & 0 & 6 & -1 & 1\\ 0 & 3 & 0 & 0 & 1\end{pmatrix}.$$

解　利用矩阵的初等行变换将矩阵 $\boldsymbol{A}$ 化为行阶梯形矩阵．因为

$$\boldsymbol{A}=\begin{pmatrix}1 & -1 & 2 & 1 & 0\\ 2 & -2 & 4 & -2 & 0\\ 3 & 0 & 6 & -1 & 1\\ 0 & 3 & 0 & 0 & 1\end{pmatrix}\overset{\substack{r_2-2r_1\\ r_3-3r_1}}{\sim}\begin{pmatrix}1 & -1 & 2 & 1 & 0\\ 0 & 0 & 0 & -4 & 0\\ 0 & 3 & 0 & -4 & 1\\ 0 & 3 & 0 & 0 & 1\end{pmatrix}$$

$$\overset{r_4-r_3}{\sim}\begin{pmatrix}1 & -1 & 2 & 1 & 0\\ 0 & 0 & 0 & -4 & 0\\ 0 & 3 & 0 & -4 & 1\\ 0 & 0 & 0 & 4 & 0\end{pmatrix}\overset{\substack{r_4+r_2\\ r_2\leftrightarrow r_3}}{\sim}\begin{pmatrix}1 & -1 & 2 & 1 & 0\\ 0 & 3 & 0 & -4 & 1\\ 0 & 0 & 0 & -4 & 0\\ 0 & 0 & 0 & 0 & 0\end{pmatrix}=\boldsymbol{A}_1,$$

所以，$R(\boldsymbol{A})=R(\boldsymbol{A}_1)=3$.

行阶梯形矩阵 $\boldsymbol{A}_1$ 三个非零行的首非零元所在行和列对应于矩阵 $\boldsymbol{A}$ 的相应位置所得的三阶子式，就是所要求的一个最高阶非零子式：

$$\begin{vmatrix}1 & -1 & 1\\ 2 & -2 & -2\\ 3 & 0 & -1\end{vmatrix}.$$

求矩阵的秩可用数学软件 MATLAB 实现，请参阅附录．

第五节 逆 矩 阵

逆矩阵在矩阵理论和应用中都起着重要的作用.

一、背 景

例 1 已知从变量 x_1,x_2,x_3 到变量 y_1,y_2,y_3 的线性变换

$$\begin{cases} y_1=x_1+x_3, \\ y_2=2x_1+x_2, \\ y_3=-3x_1+2x_2-5x_3, \end{cases}$$

求从变量 y_1,y_2,y_3 到变量 x_1,x_2,x_3 的线性变换,这种变换称为已知变换的逆变换.

设

$$\boldsymbol{X}=\begin{pmatrix} x_1 \\ x_2 \\ x_3 \end{pmatrix},\boldsymbol{Y}=\begin{pmatrix} y_1 \\ y_2 \\ y_3 \end{pmatrix},\boldsymbol{A}=\begin{pmatrix} 1 & 0 & 1 \\ 2 & 1 & 0 \\ -3 & 2 & -5 \end{pmatrix},$$

则

$$\boldsymbol{Y}=\boldsymbol{A}\boldsymbol{X}.$$

在本章第二节我们曾经得到

$$\boldsymbol{A}\boldsymbol{A}^*=\boldsymbol{A}^*\boldsymbol{A}=|\boldsymbol{A}|\boldsymbol{E}.$$

在等式 $\boldsymbol{Y}=\boldsymbol{A}\boldsymbol{X}$ 两端同时左乘 $\boldsymbol{A}^*$,得

$$\boldsymbol{A}^*\boldsymbol{Y}=\boldsymbol{A}^*\boldsymbol{A}\boldsymbol{X}=(|\boldsymbol{A}|\boldsymbol{E})\boldsymbol{X}=|\boldsymbol{A}|\boldsymbol{X}.$$

因为

$$|\boldsymbol{A}|=\begin{vmatrix} 1 & 0 & 1 \\ 2 & 1 & 0 \\ -3 & 2 & -5 \end{vmatrix}=2\neq 0,$$

所以

$$\boldsymbol{X}=\left(\frac{1}{|\boldsymbol{A}|}\boldsymbol{A}^*\right)\boldsymbol{Y}.$$

因为

$$\boldsymbol{A}^*=\begin{pmatrix} -5 & 2 & -1 \\ 10 & -2 & 2 \\ 7 & -2 & 1 \end{pmatrix},$$

所以

$$\frac{1}{|\boldsymbol{A}|}\boldsymbol{A}^*=\frac{1}{2}\begin{pmatrix} -5 & 2 & -1 \\ 10 & -2 & 2 \\ 7 & -2 & 1 \end{pmatrix}=\begin{pmatrix} -\frac{5}{2} & 1 & -\frac{1}{2} \\ 5 & -1 & 1 \\ \frac{7}{2} & -1 & \frac{1}{2} \end{pmatrix},$$

于是

$$\begin{pmatrix}x_1\\x_2\\x_3\end{pmatrix}=\begin{pmatrix}-\frac{5}{2}&1&-\frac{1}{2}\\5&-1&1\\\frac{7}{2}&-1&\frac{1}{2}\end{pmatrix}\begin{pmatrix}y_1\\y_2\\y_3\end{pmatrix},$$

即

$$\begin{cases}x_1=-\frac{5}{2}y_1+y_2-\frac{1}{2}y_3,\\x_2=5y_1-y_2+y_3,\\x_3=\frac{7}{2}y_1-y_2+\frac{1}{2}y_3.\end{cases}$$

一般地，由于

$$\boldsymbol{A}\boldsymbol{A}^*=\boldsymbol{A}^*\boldsymbol{A}=|\boldsymbol{A}|\boldsymbol{E},$$

若$|\boldsymbol{A}|\neq0$，则有

$$\left(\frac{1}{|\boldsymbol{A}|}\boldsymbol{A}^*\right)\boldsymbol{A}=\boldsymbol{A}\left(\frac{1}{|\boldsymbol{A}|}\boldsymbol{A}^*\right)=\boldsymbol{E}.$$

二、定　义

定义 1　对于矩阵$\boldsymbol{A}$，如果有一个矩阵$\boldsymbol{B}$，使得

$$\boldsymbol{AB}=\boldsymbol{BA}=\boldsymbol{E},$$

则称$\boldsymbol{A}$为**可逆矩阵**（或**矩阵$\boldsymbol{A}$可逆**），$\boldsymbol{B}$称为$\boldsymbol{A}$的**逆矩阵**.

说明：

(1)由定义 1 和矩阵的可乘条件可知，可逆矩阵必为方阵，并且它的逆矩阵一定是同阶方阵；

(2)如果$\boldsymbol{A}$是可逆矩阵，那么它的逆矩阵是唯一的.

事实上，如果$\boldsymbol{A}$有两个逆矩阵$\boldsymbol{B}_1$和$\boldsymbol{B}_2$，根据定义 1，有

$$\boldsymbol{AB}_1=\boldsymbol{B}_1\boldsymbol{A}=\boldsymbol{E},\boldsymbol{AB}_2=\boldsymbol{B}_2\boldsymbol{A}=\boldsymbol{E},$$

于是

$$\boldsymbol{B}_1=\boldsymbol{B}_1\boldsymbol{E}=\boldsymbol{B}_1(\boldsymbol{AB}_2)=(\boldsymbol{B}_1\boldsymbol{A})\boldsymbol{B}_2=\boldsymbol{EB}_2=\boldsymbol{B}_2.$$

将$\boldsymbol{A}$的逆矩阵记做$\boldsymbol{A}^{-1}$.

三、求逆矩阵的方法

1. 伴随矩阵法

定理 1　若方阵$\boldsymbol{A}$可逆，则$|\boldsymbol{A}|\neq0$.

证　$\boldsymbol{A}$可逆，即存在$\boldsymbol{A}^{-1}$，使$\boldsymbol{AA}^{-1}=\boldsymbol{E}$，故$|\boldsymbol{AA}^{-1}|=|\boldsymbol{A}||\boldsymbol{A}^{-1}|=|\boldsymbol{E}|=1$，于是$|\boldsymbol{A}|\neq0$.

定理 2　若$|\boldsymbol{A}|\neq0$，则方阵$\boldsymbol{A}$可逆，且

$$\boldsymbol{A}^{-1}=\frac{1}{|\boldsymbol{A}|}\boldsymbol{A}^*.$$

证　设$|\boldsymbol{A}|\neq0$，由例 1 知

$$\left(\frac{1}{|\boldsymbol{A}|}\boldsymbol{A}^*\right)\boldsymbol{A}=\boldsymbol{A}\left(\frac{1}{|\boldsymbol{A}|}\boldsymbol{A}^*\right)=\boldsymbol{E}.$$

依定义 1 可知

$$A^{-1}=\frac{1}{|A|}A^*.$$

推论 若 $AB=E$(或 $BA=E$),则 $A^{-1}=B$.

方阵的逆矩阵满足下列运算律:

(1)若方阵 A 可逆,则 A^{-1} 也可逆,且 $(A^{-1})^{-1}=A$;

(2)若方阵 A 可逆,常数 $\lambda\neq0$,则 λA 也可逆,且 $(\lambda A)^{-1}=\frac{1}{\lambda}A^{-1}$;

(3)若 A,B 为同阶可逆方阵,则 AB 也可逆,且 $(AB)^{-1}=B^{-1}A^{-1}$.

例 2 (1)求矩阵 $A=\begin{pmatrix}1&0&0\\0&2&0\\0&0&3\end{pmatrix}$ 的逆矩阵.

(2)求矩阵 $A=\begin{pmatrix}1&2&3\\0&2&4\\0&0&3\end{pmatrix}$ 的逆矩阵.

(3)设 $ad-bc\neq0$,求矩阵 $A=\begin{pmatrix}a&b\\c&d\end{pmatrix}$ 的逆矩阵.

解 (1)因为

$$|A|=\begin{vmatrix}1&0&0\\0&2&0\\0&0&3\end{vmatrix}=6\neq0,$$

所以 A 可逆. 又

$$A_{11}=+\begin{vmatrix}2&0\\0&3\end{vmatrix}=6,\qquad A_{21}=-\begin{vmatrix}0&0\\0&3\end{vmatrix}=0,\qquad A_{31}=+\begin{vmatrix}0&0\\2&0\end{vmatrix}=0,$$

$$A_{12}=-\begin{vmatrix}0&0\\0&3\end{vmatrix}=0,\qquad A_{22}=+\begin{vmatrix}1&0\\0&3\end{vmatrix}=3,\qquad A_{32}=-\begin{vmatrix}1&0\\0&0\end{vmatrix}=0,$$

$$A_{13}=+\begin{vmatrix}0&2\\0&0\end{vmatrix}=0,\qquad A_{23}=-\begin{vmatrix}1&0\\0&0\end{vmatrix}=0,\qquad A_{33}=+\begin{vmatrix}1&0\\0&2\end{vmatrix}=2,$$

所以

$$A^{-1}=\frac{1}{|A|}A^*=\frac{1}{6}\begin{pmatrix}6&0&0\\0&3&0\\0&0&2\end{pmatrix}=\begin{pmatrix}1&0&0\\0&\frac{1}{2}&0\\0&0&\frac{1}{3}\end{pmatrix}.$$

(2)因为

$$|A|=\begin{vmatrix}1&2&3\\0&2&4\\0&0&3\end{vmatrix}=6\neq0,$$

所以 A 可逆. 又

$$A_{11}=+\begin{vmatrix}2&4\\0&3\end{vmatrix}=6,\quad A_{21}=-\begin{vmatrix}2&3\\0&3\end{vmatrix}=-6,\quad A_{31}=+\begin{vmatrix}2&3\\2&4\end{vmatrix}=2,$$

$$A_{12}=-\begin{vmatrix}0&4\\0&3\end{vmatrix}=0,\quad A_{22}=+\begin{vmatrix}1&3\\0&3\end{vmatrix}=3,\quad A_{32}=-\begin{vmatrix}1&3\\0&4\end{vmatrix}=-4,$$

$$A_{13}=+\begin{vmatrix}0&2\\0&0\end{vmatrix}=0,\quad A_{23}=-\begin{vmatrix}1&2\\0&0\end{vmatrix}=0,\quad A_{33}=+\begin{vmatrix}1&2\\0&2\end{vmatrix}=2,$$

所以

$$\boldsymbol{A}^{-1}=\frac{1}{|\boldsymbol{A}|}\boldsymbol{A}^{*}=\frac{1}{6}\begin{pmatrix}6&-6&2\\0&3&-4\\0&0&2\end{pmatrix}=\begin{pmatrix}1&-1&\frac{1}{3}\\0&\frac{1}{2}&-\frac{2}{3}\\0&0&\frac{1}{3}\end{pmatrix}.$$

(3)因为

$$|\boldsymbol{A}|=\begin{vmatrix}a&b\\c&d\end{vmatrix}=ad-bc\neq 0,$$

所以 $\boldsymbol{A}$ 可逆．又

$$A_{11}=+|d|=d,\qquad A_{21}=-|b|=-b,$$
$$A_{12}=-|c|=-c,\qquad A_{22}=+|a|=a,$$

所以

$$\boldsymbol{A}^{-1}=\frac{1}{|\boldsymbol{A}|}\boldsymbol{A}^{*}=\frac{1}{ad-bc}\begin{pmatrix}d&-b\\-c&a\end{pmatrix}.$$

【思考】

你能立即写出二阶方阵

$$\begin{pmatrix}3&4\\5&6\end{pmatrix}$$

的逆矩阵吗?

例 3 用逆矩阵求线性方程组的解．

$$\begin{cases}a_{11}x_1+a_{12}x_2+\cdots+a_{1n}x_n=b_1,\\a_{21}x_1+a_{22}x_2+\cdots+a_{2n}x_n=b_2,\\\quad\cdots\cdots\\a_{n1}x_1+a_{n2}x_2+\cdots+a_{nn}x_n=b_n.\end{cases}$$

解 令

$$\boldsymbol{A}=\begin{pmatrix}a_{11}&a_{12}&\cdots&a_{1n}\\a_{21}&a_{22}&\cdots&a_{2n}\\\vdots&\vdots&&\vdots\\a_{n1}&a_{n2}&\cdots&a_{nn}\end{pmatrix},\boldsymbol{X}=\begin{pmatrix}x_1\\x_2\\\vdots\\x_n\end{pmatrix},\boldsymbol{b}=\begin{pmatrix}b_1\\b_2\\\vdots\\b_n\end{pmatrix},$$

得矩阵方程为

$$\boldsymbol{AX}=\boldsymbol{b}.$$

当 $|\boldsymbol{A}|\neq 0$ 时，用 $\boldsymbol{A}^{-1}$ 左乘方程的两端，得

$$\boldsymbol{A}^{-1}\boldsymbol{A}\boldsymbol{X}=\boldsymbol{A}^{-1}\boldsymbol{b},$$

即

$$\boldsymbol{E}\boldsymbol{X}=\boldsymbol{A}^{-1}\boldsymbol{b},$$

从而

$$\boldsymbol{X}=\boldsymbol{A}^{-1}\boldsymbol{b}.$$

这就是方程组解的矩阵形式.

【思考】

用逆矩阵的方法解线性方程组,只适合于方程的个数和未知量的个数相等并且$|\boldsymbol{A}|\neq 0$(系数矩阵的行列式不等于零)的情况,此时线性方程组有唯一解.

若方程的个数少于未知量的个数,如线性方程组

$$\begin{cases}x_1+3x_3=1,\\ x_2+3x_3=2\end{cases}$$

怎样求解呢?

例 4 用逆矩阵的方法解线性方程组

$$\begin{cases}x_1+2x_2+3x_3=-7,\\ 2x_1-x_2+2x_3=-8,\\ x_1+3x_2=7.\end{cases}$$

解 将线性方程组改写成矩阵方程,设

$$\boldsymbol{A}=\begin{pmatrix}1&2&3\\2&-1&2\\1&3&0\end{pmatrix},\boldsymbol{X}=\begin{pmatrix}x_1\\x_2\\x_3\end{pmatrix},\boldsymbol{b}=\begin{pmatrix}-7\\-8\\7\end{pmatrix},$$

则

$$\boldsymbol{A}\boldsymbol{X}=\boldsymbol{b},$$

因为

$$|\boldsymbol{A}|=\begin{vmatrix}1&2&3\\2&-1&2\\1&3&0\end{vmatrix}=19\neq 0,$$

所以$\boldsymbol{A}$可逆,且

$$\boldsymbol{A}^{-1}=\frac{1}{19}\begin{pmatrix}-6&9&7\\2&-3&4\\7&-1&-5\end{pmatrix}.$$

因为

$$\boldsymbol{X}=\boldsymbol{A}^{-1}\boldsymbol{b},$$

所以

$$\boldsymbol{X}=\begin{pmatrix}x_1\\x_2\\x_3\end{pmatrix}=\frac{1}{19}\begin{pmatrix}-6&9&7\\2&-3&4\\7&-1&-5\end{pmatrix}\begin{pmatrix}-7\\-8\\7\end{pmatrix}=\begin{pmatrix}1\\2\\-4\end{pmatrix}.$$

例 5 解矩阵方程

$$\begin{pmatrix}2&1\\3&2\end{pmatrix}\boldsymbol{X}\begin{pmatrix}-3&2\\5&-3\end{pmatrix}=\begin{pmatrix}-2&4\\3&-1\end{pmatrix}.$$

解 设

$$\boldsymbol{A}=\begin{pmatrix}2&1\\3&2\end{pmatrix},\boldsymbol{B}=\begin{pmatrix}-3&2\\5&-3\end{pmatrix},\boldsymbol{C}=\begin{pmatrix}-2&4\\3&-1\end{pmatrix}.$$

上述矩阵方程可表示为

$$\boldsymbol{AXB}=\boldsymbol{C},$$

由于

$$|\boldsymbol{A}|=\begin{vmatrix}2&1\\3&2\end{vmatrix}=1\neq 0,|\boldsymbol{B}|=\begin{vmatrix}-3&2\\5&-3\end{vmatrix}=-1\neq 0,$$

故 $\boldsymbol{A},\boldsymbol{B}$ 的逆矩阵 $\boldsymbol{A}^{-1},\boldsymbol{B}^{-1}$ 存在．分别用 $\boldsymbol{A}^{-1}$ 与 $\boldsymbol{B}^{-1}$ 左乘、右乘 $\boldsymbol{AXB}=\boldsymbol{C}$ 的两端，得

$$\boldsymbol{A}^{-1}(\boldsymbol{AXB})\boldsymbol{B}^{-1}=\boldsymbol{A}^{-1}\boldsymbol{CB}^{-1},$$

$$(\boldsymbol{A}^{-1}\boldsymbol{A})\boldsymbol{X}(\boldsymbol{BB}^{-1})=\boldsymbol{A}^{-1}\boldsymbol{CB}^{-1},$$

$$\boldsymbol{X}=\boldsymbol{A}^{-1}\boldsymbol{CB}^{-1}.$$

因为

$$\boldsymbol{A}^{-1}=\begin{pmatrix}2&-1\\-3&2\end{pmatrix},\boldsymbol{B}^{-1}=\begin{pmatrix}3&2\\5&3\end{pmatrix},$$

所以

$$\boldsymbol{X}=\boldsymbol{A}^{-1}\boldsymbol{CB}^{-1}$$

$$=\begin{pmatrix}2&-1\\-3&2\end{pmatrix}\begin{pmatrix}-2&4\\3&-1\end{pmatrix}\begin{pmatrix}3&2\\5&3\end{pmatrix}=\begin{pmatrix}24&13\\-34&-18\end{pmatrix}.$$

2. 初等变换法

运用定理 2 求逆矩阵的方法适合阶数较低的方阵．在求阶数较高方阵的逆矩阵，或利用计算机编程的方法求逆矩阵时，应使用初等变换的方法．

定理 3 设 $\boldsymbol{A}$ 为可逆矩阵，则存在有限个初等矩阵 $\boldsymbol{P}_1,\boldsymbol{P}_2,\cdots,\boldsymbol{P}_l$，使

$$\boldsymbol{A}=\boldsymbol{P}_1\boldsymbol{P}_2\cdots\boldsymbol{P}_l.$$

此定理证明从略．

推论 方阵 $\boldsymbol{A}$ 可逆的充分必要条件是 $\boldsymbol{A}\overset{r}{\sim}\boldsymbol{E}$.

证 先证必要性．设方阵 $\boldsymbol{A}$ 可逆，由定理 3，有初等矩阵 $\boldsymbol{P}_1,\boldsymbol{P}_2,\cdots,\boldsymbol{P}_l$，使

$$\boldsymbol{A}=\boldsymbol{P}_1\boldsymbol{P}_2\cdots\boldsymbol{P}_l\boldsymbol{E}.$$

此式表明 $\boldsymbol{E}$ 经 l 次初等行变换可化为 $\boldsymbol{A}$，即 $\boldsymbol{A}\overset{r}{\sim}\boldsymbol{E}$.

再证充分性．设 $\boldsymbol{A}\overset{r}{\sim}\boldsymbol{E}$，即有有限个初等矩阵 $\boldsymbol{P}_1,\cdots,\boldsymbol{P}_l$，使

$$\boldsymbol{A}=\boldsymbol{P}_1\cdots\boldsymbol{P}_l\boldsymbol{E},$$

因为初等矩阵可逆，故 $\boldsymbol{A}$ 可逆．

下面介绍利用初等变换求逆矩阵的方法．

如果 $\boldsymbol{A}$ 可逆，则 $\boldsymbol{A}^{-1}$ 也可逆，根据定理 3，存在 l 个初等矩阵 $\boldsymbol{P}_1,\boldsymbol{P}_2,\cdots,\boldsymbol{P}_l$，使

$$\boldsymbol{A}^{-1}=\boldsymbol{P}_1\boldsymbol{P}_2\cdots\boldsymbol{P}_l, \tag{2 - 1}$$

于是

$$A^{-1}A=P_1P_2\cdots P_lA,$$

即

$$E=P_1P_2\cdots P_lA. \tag{2-2}$$

(2 - 1)式也可以写成

$$A^{-1}=P_1P_2\cdots P_lE. \tag{2-3}$$

(2 - 2)式表示对 A 的行施以 l 次初等行变换将 A 化为 E,(2 - 3)式表示对 E 的行施以同样的 l 次初等行变换将 E 化为 A^{-1},把它们合写在一起,

$$(A,E)\overset{r}{\sim}(E,A^{-1}),$$

就得到了求 A 的逆矩阵的方法.

例 6 求 $A=\begin{pmatrix}2&-2&3\\1&1&1\\1&3&-1\end{pmatrix}$ 的逆矩阵.

解

$$(A,E)=\left(\begin{array}{ccc:ccc}2&-2&3&1&0&0\\1&1&1&0&1&0\\1&3&-1&0&0&1\end{array}\right)\overset{r_1\leftrightarrow r_2}{\sim}\left(\begin{array}{ccc:ccc}1&1&1&0&1&0\\2&-2&3&1&0&0\\1&3&-1&0&0&1\end{array}\right)$$

$$\overset{\substack{r_2-2r_1\\r_3-r_1}}{\sim}\left(\begin{array}{ccc:ccc}1&1&1&0&1&0\\0&-4&1&1&-2&0\\0&2&-2&0&-1&1\end{array}\right)\overset{r_2\leftrightarrow r_3}{\sim}\left(\begin{array}{ccc:ccc}1&1&1&0&1&0\\0&2&-2&0&-1&1\\0&-4&1&1&-2&0\end{array}\right)$$

$$\overset{r_3+2r_2}{\sim}\left(\begin{array}{ccc:ccc}1&1&1&0&1&0\\0&2&-2&0&-1&1\\0&0&-3&1&-4&2\end{array}\right)\overset{\substack{(\frac{1}{2})r_2\\(-\frac{1}{3})r_3}}{\sim}\left(\begin{array}{ccc:ccc}1&1&1&0&1&0\\0&1&-1&0&-\frac{1}{2}&\frac{1}{2}\\0&0&1&-\frac{1}{3}&\frac{4}{3}&-\frac{2}{3}\end{array}\right)$$

$$\overset{\substack{r_1-r_3\\r_2+r_3}}{\sim}\left(\begin{array}{ccc:ccc}1&1&0&\frac{1}{3}&-\frac{1}{3}&\frac{2}{3}\\0&1&0&-\frac{1}{3}&\frac{5}{6}&-\frac{1}{6}\\0&0&1&-\frac{1}{3}&\frac{4}{3}&-\frac{2}{3}\end{array}\right)\overset{r_1-r_2}{\sim}\left(\begin{array}{ccc:ccc}1&0&0&\frac{2}{3}&-\frac{7}{6}&\frac{5}{6}\\0&1&0&-\frac{1}{3}&\frac{5}{6}&-\frac{1}{6}\\0&0&1&-\frac{1}{3}&\frac{4}{3}&-\frac{2}{3}\end{array}\right),$$

所以

$$A^{-1}=\begin{pmatrix}\frac{2}{3}&-\frac{7}{6}&\frac{5}{6}\\-\frac{1}{3}&\frac{5}{6}&-\frac{1}{6}\\-\frac{1}{3}&\frac{4}{3}&-\frac{2}{3}\end{pmatrix}.$$

对于给定的方阵 A,判断其是否为可逆矩阵的方法有:

(1)如果 $|A|\neq0$,则方阵 A 是可逆矩阵,否则方阵 A 不是可逆矩阵;

(2)对方阵 A 施以初等行变换,如果 A 能化成单位矩阵,则方阵 A 可逆,否则方阵 A 不可逆.

例 7 求 $A=\begin{pmatrix}1&-2&0\\2&1&1\\3&3&-1\end{pmatrix}$ 的逆矩阵.

解 方法一 因为

$$|A|=\begin{vmatrix}1&-2&0\\2&1&1\\3&3&-1\end{vmatrix}=-14,$$

所以 A 可逆. 又因为

$$A_{11}=(-1)^{1+1}\begin{vmatrix}1&1\\3&-1\end{vmatrix}=-4, A_{21}=(-1)^{2+1}\begin{vmatrix}-2&0\\3&-1\end{vmatrix}=-2, A_{31}=(-1)^{3+1}\begin{vmatrix}-2&0\\1&1\end{vmatrix}=-2,$$

$$A_{12}=(-1)^{1+2}\begin{vmatrix}2&1\\3&-1\end{vmatrix}=5, A_{22}=(-1)^{2+2}\begin{vmatrix}1&0\\3&-1\end{vmatrix}=-1, A_{32}=(-1)^{3+2}\begin{vmatrix}1&0\\2&1\end{vmatrix}=-1,$$

$$A_{13}=(-1)^{1+3}\begin{vmatrix}2&1\\3&3\end{vmatrix}=3, A_{23}=(-1)^{2+3}\begin{vmatrix}1&-2\\3&3\end{vmatrix}=-9, A_{33}=(-1)^{3+3}\begin{vmatrix}1&-2\\2&1\end{vmatrix}=5,$$

所以

$$A^{-1}=\frac{1}{|A|}A^*=\frac{1}{-14}\begin{pmatrix}-4&-2&-2\\5&-1&-1\\3&-9&5\end{pmatrix}=\begin{pmatrix}\frac{4}{14}&\frac{2}{14}&\frac{2}{14}\\-\frac{5}{14}&\frac{1}{14}&\frac{1}{14}\\-\frac{3}{14}&\frac{9}{14}&-\frac{5}{14}\end{pmatrix}=\begin{pmatrix}\frac{2}{7}&\frac{1}{7}&\frac{1}{7}\\-\frac{5}{14}&\frac{1}{14}&\frac{1}{14}\\-\frac{3}{14}&\frac{9}{14}&-\frac{5}{14}\end{pmatrix}.$$

方法二 因为

$$(A,E)=\left(\begin{array}{ccc:ccc}1&-2&0&1&0&0\\2&1&1&0&1&0\\3&3&-1&0&0&1\end{array}\right)\overset{r_2-2r_1}{\underset{r_3-3r_1}{\sim}}\left(\begin{array}{ccc:ccc}1&-2&0&1&0&0\\0&5&1&-2&1&0\\0&9&-1&-3&0&1\end{array}\right)$$

$$\overset{2r_2-r_3}{\sim}\left(\begin{array}{ccc:ccc}1&-2&0&1&0&0\\0&1&3&-1&2&-1\\0&9&-1&-3&0&1\end{array}\right)\overset{r_3-9r_2}{\underset{r_1+2r_2}{\sim}}\left(\begin{array}{ccc:ccc}1&0&6&-1&4&-2\\0&1&3&-1&2&-1\\0&0&-28&6&-18&10\end{array}\right)$$

$$\overset{\substack{r_1+\frac{3}{14}r_3\\ r_2+\frac{3}{28}r_3}}{\underset{(-\frac{1}{28})r_3}{\sim}}\left(\begin{array}{ccc:ccc}1&0&0&\frac{4}{14}&\frac{2}{14}&\frac{2}{14}\\0&1&0&-\frac{5}{14}&\frac{1}{14}&\frac{1}{14}\\0&0&1&-\frac{3}{14}&\frac{9}{14}&-\frac{5}{14}\end{array}\right),$$

所以

$$A^{-1}=\begin{pmatrix}\frac{4}{14}&\frac{2}{14}&\frac{2}{14}\\-\frac{5}{14}&\frac{1}{14}&\frac{1}{14}\\-\frac{3}{14}&\frac{9}{14}&-\frac{5}{14}\end{pmatrix}=\begin{pmatrix}\frac{2}{7}&\frac{1}{7}&\frac{1}{7}\\-\frac{5}{14}&\frac{1}{14}&\frac{1}{14}\\-\frac{3}{14}&\frac{9}{14}&-\frac{5}{14}\end{pmatrix}.$$

求矩阵的逆可用数学软件 MATLAB 实现，请参阅附录．

第六节　分块矩阵

一、矩阵的分块

当矩阵的行数和列数较高时，矩阵的运算繁琐、困难，通常采用分块的方法简化运算．用若干条横线和纵线将矩阵 $\boldsymbol{A}$ 分成许多部分，每一部分也是一个矩阵，称为矩阵 $\boldsymbol{A}$ 的子块，以子块为元素的形式的矩阵称为分块矩阵．

如在矩阵

$$\boldsymbol{A}=\left(\begin{array}{cc:cc}1&0&3&2\\0&1&0&1\\ \hdashline 0&0&1&0\\0&0&0&1\end{array}\right)=\begin{pmatrix}\boldsymbol{E}_2&\boldsymbol{A}_1\\ \boldsymbol{O}&\boldsymbol{E}_2\end{pmatrix}$$

中，$\boldsymbol{E}_2$ 是二阶单位矩阵，而

$$\boldsymbol{A}_1=\begin{pmatrix}3&2\\0&1\end{pmatrix},\boldsymbol{O}=\begin{pmatrix}0&0\\0&0\end{pmatrix}.$$

又如

$$\boldsymbol{B}=\left(\begin{array}{cc:cc}1&0&3&2\\-1&2&0&1\\ \hdashline 1&0&-2&1\\-1&-1&2&0\end{array}\right)=\begin{pmatrix}\boldsymbol{B}_{11}&\boldsymbol{B}_{12}\\ \boldsymbol{B}_{21}&\boldsymbol{B}_{22}\end{pmatrix},$$

$$\boldsymbol{B}_{11}=\begin{pmatrix}1&0\\-1&2\end{pmatrix},\boldsymbol{B}_{12}=\begin{pmatrix}3&2\\0&1\end{pmatrix},\boldsymbol{B}_{21}=\begin{pmatrix}1&0\\-1&-1\end{pmatrix},\boldsymbol{B}_{22}=\begin{pmatrix}-2&1\\2&0\end{pmatrix}.$$

在计算 $\boldsymbol{AB}$ 时，把 $\boldsymbol{A},\boldsymbol{B}$ 都看成由这些小矩阵组成的，即按二阶矩阵来运算．于是

$$\boldsymbol{AB}=\begin{pmatrix}\boldsymbol{E}_2&\boldsymbol{A}_1\\ \boldsymbol{O}&\boldsymbol{E}_2\end{pmatrix}\begin{pmatrix}\boldsymbol{B}_{11}&\boldsymbol{B}_{12}\\ \boldsymbol{B}_{21}&\boldsymbol{B}_{22}\end{pmatrix}=\begin{pmatrix}\boldsymbol{B}_{11}+\boldsymbol{A}_1\boldsymbol{B}_{21}&\boldsymbol{B}_{12}+\boldsymbol{A}_1\boldsymbol{B}_{22}\\ \boldsymbol{B}_{21}&\boldsymbol{B}_{22}\end{pmatrix},$$

其中

$$\boldsymbol{B}_{11}+\boldsymbol{A}_1\boldsymbol{B}_{21}=\begin{pmatrix}1&1\\-1&2\end{pmatrix}+\begin{pmatrix}3&2\\0&1\end{pmatrix}\begin{pmatrix}1&0\\-1&-1\end{pmatrix}=\begin{pmatrix}2&-1\\-2&1\end{pmatrix},$$

$$\boldsymbol{B}_{12}+\boldsymbol{A}_1\boldsymbol{B}_{22}=\begin{pmatrix}3&2\\0&1\end{pmatrix}+\begin{pmatrix}3&2\\0&1\end{pmatrix}\begin{pmatrix}-2&1\\2&0\end{pmatrix}=\begin{pmatrix}1&5\\2&1\end{pmatrix},$$

故

$$\boldsymbol{AB}=\begin{pmatrix}2&-1&1&5\\-2&1&2&1\\1&0&-2&1\\-1&-1&2&0\end{pmatrix}.$$

可以验证，直接按矩阵乘法法则计算会得到相同的结果．

二、分块矩阵的运算

分块矩阵的运算法则与普通矩阵的运算法则相类似.

1. 加法与数乘

设 λ 为常数,$\boldsymbol{A},\boldsymbol{B}$ 是同型矩阵,采用相同的分块法:

$$\boldsymbol{A}=\begin{pmatrix}\boldsymbol{A}_{11} & \cdots & \boldsymbol{A}_{1r}\\ \vdots & & \vdots\\ \boldsymbol{A}_{s1} & \cdots & \boldsymbol{A}_{sr}\end{pmatrix},\boldsymbol{B}=\begin{pmatrix}\boldsymbol{B}_{11} & \cdots & \boldsymbol{B}_{1r}\\ \vdots & & \vdots\\ \boldsymbol{B}_{s1} & \cdots & \boldsymbol{B}_{sr}\end{pmatrix}.$$

规定

$$\boldsymbol{A}+\boldsymbol{B}=\begin{pmatrix}\boldsymbol{A}_{11}+\boldsymbol{B}_{11} & \cdots & \boldsymbol{A}_{1r}+\boldsymbol{B}_{1r}\\ \vdots & & \vdots\\ \boldsymbol{A}_{s1}+\boldsymbol{B}_{s1} & \cdots & \boldsymbol{A}_{sr}+\boldsymbol{B}_{sr}\end{pmatrix},$$

$$\lambda\boldsymbol{A}=\begin{pmatrix}\lambda\boldsymbol{A}_{11} & \cdots & \lambda\boldsymbol{A}_{1r}\\ \vdots & & \vdots\\ \lambda\boldsymbol{A}_{s1} & \cdots & \lambda\boldsymbol{A}_{sr}\end{pmatrix}.$$

2. 乘 法

设 $\boldsymbol{A}=(a_{ik})_{sn}$,$\boldsymbol{B}=(b_{kj})_{nm}$,如果将 $\boldsymbol{A},\boldsymbol{B}$ 分块为

$$\boldsymbol{A}=\begin{pmatrix}\boldsymbol{A}_{11} & \cdots & \boldsymbol{A}_{1r}\\ \vdots & & \vdots\\ \boldsymbol{A}_{s1} & \cdots & \boldsymbol{A}_{sr}\end{pmatrix},\boldsymbol{B}=\begin{pmatrix}\boldsymbol{B}_{11} & \cdots & \boldsymbol{B}_{1t}\\ \vdots & & \vdots\\ \boldsymbol{B}_{r1} & \cdots & \boldsymbol{B}_{rt}\end{pmatrix},$$

其中,$\boldsymbol{A}_{i1},\boldsymbol{A}_{i2},\cdots,\boldsymbol{A}_{ir}$ 的列数分别等于 $\boldsymbol{B}_{1j},\boldsymbol{B}_{2j},\cdots,\boldsymbol{B}_{rj}$ 的行数,那么,

$$\boldsymbol{AB}=\begin{pmatrix}\boldsymbol{C}_{11} & \cdots & \boldsymbol{C}_{1t}\\ \vdots & & \vdots\\ \boldsymbol{C}_{s1} & \cdots & \boldsymbol{C}_{st}\end{pmatrix},$$

其中 $\boldsymbol{C}_{ij}=\boldsymbol{A}_{i1}\boldsymbol{B}_{1j}+\boldsymbol{A}_{i2}\boldsymbol{B}_{2j}+\cdots+\boldsymbol{A}_{ik}\boldsymbol{B}_{kj}\,(i=1,2,\cdots,s;j=1,2,\cdots,t)$.

习 题 二

1. 填 空.

(1) 若矩阵 $\boldsymbol{A}$ 为四阶方阵,并且 $|\boldsymbol{A}|=3$,则 $|2\boldsymbol{A}|=$________.

(2) 若 $\boldsymbol{A}^{-1}=\boldsymbol{E}$,则 $\boldsymbol{A}^5=$________.

2. 已知

$$\boldsymbol{A}=\begin{pmatrix}1 & 3 & 1 & 2\\ 2 & 4 & 2 & 1\\ 1 & 2 & 3 & 2\end{pmatrix},\boldsymbol{B}=\begin{pmatrix}1 & 2 & -3 & -1\\ 2 & 2 & 1 & 1\\ 3 & 1 & -5 & 2\end{pmatrix},$$

(1)求 $2\boldsymbol{A}+\boldsymbol{B}$.

(2)若 $\boldsymbol{A}-\frac{1}{2}\boldsymbol{X}=\boldsymbol{B}$,求 $\boldsymbol{X}$.

3. 计 算:

(1) $\begin{pmatrix}1\\-1\\3\end{pmatrix}(-1\quad 2)+\begin{pmatrix}1&2\\2&1\\0&3\end{pmatrix}\begin{pmatrix}0&1\\1&0\end{pmatrix}$.

(2) $\begin{pmatrix}3&-1\\2&3\end{pmatrix}\begin{pmatrix}2&0\\1&1\end{pmatrix}+3\begin{pmatrix}-2&1\\1&-3\end{pmatrix}-\begin{pmatrix}1&0\\0&1\end{pmatrix}^2$.

(3) $(x_1,x_2,x_3)\begin{pmatrix}a_{11}&a_{12}&a_{13}\\a_{21}&a_{22}&a_{23}\\a_{31}&a_{32}&a_{33}\end{pmatrix}\begin{pmatrix}x_1\\x_2\\x_3\end{pmatrix}$.

4. 已知

$$\boldsymbol{A}=\begin{pmatrix}1&-2\\-3&4\end{pmatrix},\boldsymbol{B}=\begin{pmatrix}0&1\\-1&2\end{pmatrix},$$

试计算:

(1) $\boldsymbol{AB}-\boldsymbol{BA}$.

(2) $(\boldsymbol{AB})^{\mathrm{T}}$.

(3) $\boldsymbol{A}^{\mathrm{T}}\boldsymbol{B}^{\mathrm{T}}$.

(4) $\boldsymbol{B}^{\mathrm{T}}\boldsymbol{A}^{\mathrm{T}}$.

5. 已知

$$\boldsymbol{A}=\begin{pmatrix}1&0\\0&-1\end{pmatrix},\boldsymbol{B}=\begin{pmatrix}0&1\\-1&0\end{pmatrix},$$

计算 $(\boldsymbol{AB})^2$ 和 $\boldsymbol{A}^2\boldsymbol{B}^2$.

6. 计 算:

(1) $\begin{pmatrix}1&-1&0\\-1&1&2\end{pmatrix}\begin{pmatrix}0&-2&1\\-2&0&1\\1&1&0\end{pmatrix}\begin{pmatrix}1&-1\\-1&1\\0&2\end{pmatrix}$.

(2) $\begin{pmatrix}\cos\alpha&-\sin\alpha\\\sin\alpha&\cos\alpha\end{pmatrix}^3$.

7. 已知两个线性变换

$$\begin{cases}z_1=2y_1+y_2,\\z_2=-2y_1+3y_2+2y_3,\\z_3=y_1+y_2+5y_3,\end{cases}\begin{cases}y_1=-3x_1+x_2,\\y_2=2x_2+x_3,\\y_3=-x_2+3x_3,\end{cases}$$

求从变量 x_1,x_2,x_3 到变量 z_1,z_2,z_3 的线性变换.

8. 已知方阵

$$\boldsymbol{A}=\begin{pmatrix}1&-2&0\\2&1&-2\\1&2&1\end{pmatrix},$$

计算 $\boldsymbol{AA}^*$ 和 $\boldsymbol{A}^*\boldsymbol{A}$.

9. 求下列矩阵的秩，并求它的一个最高阶非零子式.

(1) $\begin{bmatrix} -2 & 1 & 1 & 0 \\ 1 & -2 & 1 & 3 \\ 1 & 1 & -2 & -3 \end{bmatrix}$.　(2) $\begin{bmatrix} 2 & 1 & 4 & 1 & 4 \\ 3 & -1 & 2 & 1 & 3 \\ 1 & -2 & -2 & 0 & -1 \\ 4 & -3 & 0 & 1 & 2 \end{bmatrix}$.

(3) $\begin{bmatrix} 2 & 1 & -2 & 1 & 3 & 1 \\ 1 & -2 & 3 & 2 & 6 & 2 \\ 3 & 6 & 9 & 3 & 12 & 7 \end{bmatrix}$.　(4) $\begin{bmatrix} 2 & 0 & 1 \\ 2 & 1 & 0 \\ 1 & 0 & 1 \\ 3 & 3 & 1 \\ 2 & 1 & 2 \end{bmatrix}$.

10. 解下列矩阵方程，求出未知矩阵 $\boldsymbol{X}$.

(1) $\begin{pmatrix} 1 & 2 \\ 3 & 4 \end{pmatrix}\boldsymbol{X}=\begin{pmatrix} 4 & -6 \\ 2 & 1 \end{pmatrix}$.

(2) $\boldsymbol{X}\begin{bmatrix} 2 & -2 & 3 \\ 1 & 1 & 1 \\ 1 & 3 & -1 \end{bmatrix}=\begin{bmatrix} 6 & 0 & 6 \\ 12 & 6 & 6 \\ 18 & 0 & 6 \end{bmatrix}$.

(3) $\begin{pmatrix} 2 & 1 \\ 3 & 2 \end{pmatrix}\boldsymbol{X}\begin{pmatrix} -3 & 2 \\ 5 & -3 \end{pmatrix}=\begin{pmatrix} -2 & 4 \\ 3 & -1 \end{pmatrix}$.

(4) 设 $\boldsymbol{A}=\begin{bmatrix} 1 & -1 & 0 \\ 0 & 1 & -1 \\ -1 & 0 & 1 \end{bmatrix}$，$\boldsymbol{AX}=2\boldsymbol{X}+\boldsymbol{A}$，求 $\boldsymbol{X}$.

11. 判断下列方阵是否可逆，如果可逆，求其逆矩阵.

(1) $\begin{bmatrix} 1 & -1 & 0 \\ 1 & 0 & 1 \\ 0 & 1 & 0 \end{bmatrix}$.　(2) $\begin{bmatrix} 2 & 1 & 1 \\ 0 & 1 & 2 \\ -1 & -1 & 0 \end{bmatrix}$.

(3) $\begin{bmatrix} \cos\varphi & \sin\varphi & 0 \\ -\sin\varphi & \cos\varphi & 0 \\ 0 & 0 & 1 \end{bmatrix}$.　(4) $\begin{bmatrix} 1 & 2 & 3 & 4 \\ 0 & 1 & 2 & 3 \\ 0 & 0 & 1 & 2 \\ 0 & 0 & 0 & 1 \end{bmatrix}$.

12. 用逆阵方法解下列线性方程组.

(1) $\begin{cases} x_1-x_2-x_3=2, \\ 2x_1-x_2-3x_3=1, \\ 3x_1+2x_2-5x_3=0. \end{cases}$

(2) $\begin{cases} x_1+2x_2+3x_3=1, \\ 2x_1+2x_2+5x_3=2, \\ 3x_1+5x_2+x_3=3. \end{cases}$

数学小资料

矩阵的由来与发展

矩阵与行列式在19世纪中叶已经受到很大关注,被誉为在数学语言上的一次重大革新.对于之前已经以较完善的形式存在的许多数学概念,它提供了简练速记的表达方式,随着数学的发展,至今还是高等数学中重要的基础研究工具之一,并且成为计算机计算的对象.不仅如此,矩阵在力学、物理、科技等方面都有着十分广泛的应用.

1801年德国数学家高斯(F. Gauss,1777～1855)把一个线性变换的全部系数作为一个整体.1844年,德国数学家爱森斯坦(F. Eissenstein,1823～1852)讨论了“变换”(矩阵)及其乘积.1850年,英国数学家西尔维斯特(James Joseph Sylvester,1814～1897)首先使用矩阵一词.1858年,英国数学家凯莱(A. Gayley,1821～1895)发表《关于矩阵理论的研究报告》.他首先将矩阵作为一个独立的数学对象加以研究,并在这个主题上首先发表了一系列文章,因而被认为是矩阵论的创立者,他给出了现在通用的一系列定义,如两矩阵相等、零矩阵、单位矩阵、两矩阵的和、一个数与一个矩阵的数量积、两个矩阵的积、矩阵的逆、转置矩阵等.并且凯莱还注意到矩阵的乘法是可结合的,但一般不可交换,且 $m\times s$ 矩阵只能用 $s\times n$ 矩阵去右乘.1854年,法国数学家埃尔米特(C. Hermite,1822～1901)使用了“正交矩阵”这一术语,但它的正式定义直到1878年才由德国数学家费罗贝尼乌斯(F. G. Frohenius,1849～1917)发表.1879年,费罗贝尼乌斯引入矩阵秩的概念.

目前矩阵理论被广泛应用,无论是在工程技术还是经济管理方面,矩阵技术都相当成熟.数学软件MATLAB就是Matrix Laboratory(矩阵实验室).MATLAB的指令表达式与数学、工程中常用的形式十分相似,故用MATLAB来求解数学、工程技术问题十分方便易学,MATLAB的基本数据单位就是矩阵.

第三章　向量组的线性相关性

【内容提要】n 维向量和由 n 维向量组成的向量组是线性代数的基本内容之一．本章首先介绍 n 维向量概念及其运算，在此基础上进一步介绍向量组的线性组合、线性相关性及向量组的秩等内容．

【预备知识】行矩阵、列矩阵，矩阵的线性运算．

【学习目标】

1. 了解 n 维向量的概念，了解向量组与矩阵的对应关系；

2. 理解向量组的线性相关与线性无关的概念；

3. 理解向量组的最大无关组以及向量组秩的概念，掌握判定向量组线性相关性的方法，会求向量组的最大无关组．

第一节　向量组及其线性组合

一、向量与向量组

1. n 维向量

定义 1　由 n 个数组成的有序数组

$$(a_1, a_2, \cdots, a_n)$$

称为 n 维向量，其中 $a_i(i=1,2,\cdots,n)$ 称为该向量的第 i 个**分量**．n 维向量常用黑体小写字母表示．

说明：

(1)分量全为实数的向量称为实向量，分量为复数的向量称为复向量．本书只讨论实向量．

(2)定义 1 中的 n 维向量写成一行的形式称为**行向量**，n 维向量有时也写成一列的形式，并称其为**列向量**．

n 维行向量与$(1\times n)$阶行矩阵不加区分，n 维列向量与$(n\times 1)$阶列矩阵不加区分．用矩阵的转置可将行、列矩阵相互转化，即

$$(a_1, a_2, \cdots, a_n)^{\mathrm{T}} = \begin{pmatrix} a_1 \\ a_2 \\ \vdots \\ a_n \end{pmatrix},$$

或

$$\begin{pmatrix} a_1 \\ a_2 \\ \vdots \\ a_n \end{pmatrix}^{\mathrm{T}}=(a_1,a_2,\cdots,a_n).$$

我们通常把 $\boldsymbol{a}$ 与 $\boldsymbol{a}^{\mathrm{T}}$ 视为两个不同的向量.

(3)为便于表述,我们约定用 $\boldsymbol{\alpha},\boldsymbol{\beta},\boldsymbol{\gamma}$ 等表示列向量,用 $\boldsymbol{\alpha}^{\mathrm{T}},\boldsymbol{\beta}^{\mathrm{T}},\boldsymbol{\gamma}^{\mathrm{T}}$ 等表示行向量.本书在未加说明时所述向量均指列向量.

(4)分量全为零的向量称为**零向量**,记做 $\boldsymbol{O}$ 或 $\mathbf{0}$.

(5)向量

$$\boldsymbol{a}=\begin{pmatrix} a_1 \\ a_2 \\ \vdots \\ a_n \end{pmatrix}$$

的各分量的相反数所构成的向量,称为 $\boldsymbol{a}$ 的**负向量**,记做 $-\boldsymbol{a}$,即

$$-\boldsymbol{a}=\begin{pmatrix} -a_1 \\ -a_2 \\ \vdots \\ -a_n \end{pmatrix}.$$

2. 向量组

线性方程

$$2x_1+3x_2-x_3=5$$

与向量

$$\boldsymbol{a}_1^{\mathrm{T}}=(2,3,-1,5)$$

是一一对应的;线性方程组

$$\begin{cases} 2x_1+3x_2-x_3=5, \\ x_1+3x_2+x_3=2, \\ 3x_1+2x_2-3x_3=4 \end{cases}$$

与一组向量

$$\boldsymbol{a}_1^{\mathrm{T}}=(2,3,-1,5),\boldsymbol{a}_2^{\mathrm{T}}=(1,3,1,2),\boldsymbol{a}_3^{\mathrm{T}}=(3,2,-3,4)$$

一一对应,这三个向量组成向量组,并用(A)表示,即

$$(A):\ \begin{matrix} \boldsymbol{a}_1^{\mathrm{T}}=(2,3,-1,5), \\ \boldsymbol{a}_2^{\mathrm{T}}=(1,3,1,2), \\ \boldsymbol{a}_3^{\mathrm{T}}=(3,2,-3,4). \end{matrix}$$

一般地,线性方程组

$$\begin{cases} a_{11}x_1+a_{12}x_2+\cdots+a_{1n}x_n=b_1, \\ a_{21}x_1+a_{22}x_2+\cdots+a_{2n}x_n=b_2, \\ \cdots\cdots \\ a_{m1}x_1+a_{m2}x_2+\cdots+a_{mn}x_n=b_m \end{cases}$$

与向量组

$$(A):\quad \begin{aligned} \boldsymbol{a}_1^{\mathrm{T}}&=(a_{11},a_{12},\cdots,a_{1n}),\\ \boldsymbol{a}_2^{\mathrm{T}}&=(a_{21},a_{22},\cdots,a_{2n}),\\ &\cdots\cdots\\ \boldsymbol{a}_m^{\mathrm{T}}&=(a_{m1},a_{m2},\cdots,a_{mn}) \end{aligned}$$

一一对应.

于是,研究线性方程组便可以借助向量组的理论.

我们曾经建立了线性方程组与矩阵的对应关系,显然,有限个向量构成的有序向量组与矩阵是一一对应的.比如,以向量组(A)的每个向量为行便可以得到对应矩阵,

$$\boldsymbol{A}=\begin{pmatrix}\boldsymbol{a}_1^{\mathrm{T}}\\ \boldsymbol{a}_2^{\mathrm{T}}\\ \vdots\\ \boldsymbol{a}_m^{\mathrm{T}}\end{pmatrix}=\begin{pmatrix}a_{11}&a_{12}&\cdots&a_{1n}\\ a_{21}&a_{22}&\cdots&a_{2n}\\ \vdots&\vdots&&\vdots\\ a_{m1}&a_{m2}&\cdots&a_{mn}\end{pmatrix}.$$

反之,矩阵 $\boldsymbol{A}$ 的行向量组和列向量组都是含有有限个向量的向量组.

在后面的讨论中,我们将把线性方程组、矩阵、向量组综合起来研究.

二、向量的线性运算

我们知道,行向量和列向量分别是行矩阵和列矩阵,向量的线性运算按矩阵的有关运算规定.

定义 2 已知两个向量

$$\boldsymbol{\alpha}^{\mathrm{T}}=(a_1,a_2,\cdots,a_n),$$
$$\boldsymbol{\beta}^{\mathrm{T}}=(b_1,b_2,\cdots,b_n),$$

若 $a_i=b_i(i=1,2,\cdots,n)$,则称向量 $\boldsymbol{\alpha}$ **与** $\boldsymbol{\beta}$ **相等**,记做 $\boldsymbol{\alpha}=\boldsymbol{\beta}$.

定义 3 设

$$\boldsymbol{\alpha}^{\mathrm{T}}=(a_1,a_2,\cdots,a_n),$$
$$\boldsymbol{\beta}^{\mathrm{T}}=(b_1,b_2,\cdots,b_n)$$

是两个 n 维向量,它们的对应分量的和所构成的向量

$$(a_1+b_1,a_2+b_2,\cdots,a_n+b_n)$$

称为两向量 $\boldsymbol{\alpha}^{\mathrm{T}}$ 与 $\boldsymbol{\beta}^{\mathrm{T}}$ 的**和**,记做 $\boldsymbol{\alpha}^{\mathrm{T}}+\boldsymbol{\beta}^{\mathrm{T}}$,即

$$\begin{aligned}&\boldsymbol{\alpha}^{\mathrm{T}}+\boldsymbol{\beta}^{\mathrm{T}}\\ &=(a_1+b_1,a_2+b_2,\cdots,a_n+b_n).\end{aligned}$$

由向量的加法及负向量的定义,规定向量的**减法**为

$$\begin{aligned}\boldsymbol{\alpha}^{\mathrm{T}}-\boldsymbol{\beta}^{\mathrm{T}}&=\boldsymbol{\alpha}^{\mathrm{T}}+(-\boldsymbol{\beta}^{\mathrm{T}})\\ &=(a_1-b_1,a_2-b_2,\cdots,a_n-b_n).\end{aligned}$$

定义 4 数 k 与向量 $\boldsymbol{\alpha}^{\mathrm{T}}=(a_1,a_2,\cdots,a_n)$ 的乘积称为**数乘**,记做 $k\boldsymbol{\alpha}$,即

$$\begin{aligned}k\boldsymbol{\alpha}^{\mathrm{T}}&=k(a_1,a_2,\cdots,a_n)\\ &=(ka_1,ka_2,\cdots,ka_n).\end{aligned}$$

向量的加法和数乘运算统称为向量的**线性运算**,它们满足如下运算规律(设 $\boldsymbol{\alpha},\boldsymbol{\beta},\boldsymbol{\gamma}$ 都是 n 维向量,k,l 是实数):

(1) $\boldsymbol{\alpha}+\boldsymbol{\beta}=\boldsymbol{\beta}+\boldsymbol{\alpha}$;

(2) $(\boldsymbol{\alpha}+\boldsymbol{\beta})+\boldsymbol{\gamma}=\boldsymbol{\alpha}+(\boldsymbol{\beta}+\boldsymbol{\gamma})$;

(3) $\boldsymbol{\alpha}+\boldsymbol{0}=\boldsymbol{\alpha}$;

(4) $\boldsymbol{\alpha}+(-\boldsymbol{\alpha})=\boldsymbol{0}$;

(5) $k(\boldsymbol{\alpha}+\boldsymbol{\beta})=k\boldsymbol{\alpha}+k\boldsymbol{\beta}$;

(6) $(k+l)\boldsymbol{\alpha}=k\boldsymbol{\alpha}+l\boldsymbol{\alpha}$;

(7) $(kl)\boldsymbol{\alpha}=k(l\boldsymbol{\alpha})$;

(8) $1\times\boldsymbol{\alpha}=\boldsymbol{\alpha}$.

根据向量的加法和数乘运算的定义,上述性质是不难证明的.

例 1 已知向量

$$\boldsymbol{\alpha}=\begin{pmatrix}1\\2\\0\\-3\end{pmatrix},\boldsymbol{\beta}=\begin{pmatrix}-1\\2\\-3\\4\end{pmatrix}.$$

(1)求 $3\boldsymbol{\alpha}-2\boldsymbol{\beta}$;

(2)若 $3\boldsymbol{\alpha}+4\boldsymbol{\beta}+2\boldsymbol{\gamma}=\boldsymbol{0}$,求 $\boldsymbol{\gamma}$.

解

(1) $3\boldsymbol{\alpha}-2\boldsymbol{\beta}=3\begin{pmatrix}1\\2\\0\\-3\end{pmatrix}-2\begin{pmatrix}-1\\2\\-3\\4\end{pmatrix}=\begin{pmatrix}5\\2\\6\\-17\end{pmatrix}$;

(2)由 $3\boldsymbol{\alpha}+4\boldsymbol{\beta}+2\boldsymbol{\gamma}=\boldsymbol{0}$ 得

$$\boldsymbol{\gamma}=-\frac{3}{2}\boldsymbol{\alpha}-2\boldsymbol{\beta}=-\frac{3}{2}\begin{pmatrix}1\\2\\0\\3\end{pmatrix}-2\begin{pmatrix}-1\\2\\-3\\4\end{pmatrix}=\begin{pmatrix}\frac{1}{2}\\-7\\6\\-\frac{7}{2}\end{pmatrix}.$$

三、向量组的线性组合

1. 线性组合

定义 5 给定向量组

$$(A):\quad \boldsymbol{a}_1=\begin{pmatrix}a_{11}\\a_{21}\\\vdots\\a_{m1}\end{pmatrix},\boldsymbol{a}_2=\begin{pmatrix}a_{12}\\a_{22}\\\vdots\\a_{m2}\end{pmatrix},\cdots,\boldsymbol{a}_n=\begin{pmatrix}a_{1n}\\a_{2n}\\\vdots\\a_{mn}\end{pmatrix},$$

对于任意一组实数 $\lambda_1,\lambda_2,\cdots,\lambda_n$,式子

$$\lambda_1\boldsymbol{a}_1+\lambda_2\boldsymbol{a}_2+\cdots+\lambda_n\boldsymbol{a}_n$$

称为向量组(A)的一个**线性组合**,$\lambda_1,\lambda_2,\cdots,\lambda_n$ 称为这个线性组合的系数.

2. 线性表示

若对于给定的向量组

$$(A):\quad \boldsymbol{a}_1=\begin{pmatrix}a_{11}\\a_{21}\\\vdots\\a_{m1}\end{pmatrix},\boldsymbol{a}_2=\begin{pmatrix}a_{12}\\a_{22}\\\vdots\\a_{m2}\end{pmatrix},\cdots,\boldsymbol{a}_n=\begin{pmatrix}a_{1n}\\a_{2n}\\\vdots\\a_{mn}\end{pmatrix},$$

和向量 $\boldsymbol{\beta}$，存在一组实数 $\lambda_1,\lambda_2,\cdots,\lambda_n$，使得

$$\boldsymbol{\beta}=\lambda_1\boldsymbol{a}_1+\lambda_2\boldsymbol{a}_2+\cdots+\lambda_n\boldsymbol{a}_n,$$

则称向量 $\boldsymbol{\beta}$ 是向量组(A)的**线性组合**，或称向量 $\boldsymbol{\beta}$ 可由向量组(A)**线性表示**.

向量 $\boldsymbol{\beta}$ 可由向量组(A)线性表示，也就是方程组

$$x_1\boldsymbol{a}_1+x_2\boldsymbol{a}_2+\cdots+x_n\boldsymbol{a}_n=\boldsymbol{\beta}$$

有解.

例 2　对于向量组

$$(A):\quad \boldsymbol{a}_1=\begin{pmatrix}1\\2\\-1\end{pmatrix},\boldsymbol{a}_2=\begin{pmatrix}-1\\3\\-2\end{pmatrix},\boldsymbol{a}_3=\begin{pmatrix}-2\\-4\\1\end{pmatrix}$$

和已知向量

$$\boldsymbol{\beta}=\begin{pmatrix}2\\-6\\3\end{pmatrix},$$

讨论向量 $\boldsymbol{\beta}$ 是否可由向量组(A)线性表示.

解　设存在实数 $\lambda_1,\lambda_2,\lambda_3$，使

$$\boldsymbol{\beta}=\lambda_1\boldsymbol{a}_1+\lambda_2\boldsymbol{a}_2+\lambda_3\boldsymbol{a}_3$$

成立，即

$$\begin{pmatrix}2\\-6\\3\end{pmatrix}=\lambda_1\begin{pmatrix}1\\2\\-1\end{pmatrix}+\lambda_2\begin{pmatrix}-1\\3\\-2\end{pmatrix}+\lambda_3\begin{pmatrix}-2\\-4\\1\end{pmatrix},$$

亦即

$$\begin{cases}\lambda_1-\lambda_2-2\lambda_3=2,\\2\lambda_1+3\lambda_2-4\lambda_3=-6,\\-\lambda_1-2\lambda_2+\lambda_3=3.\end{cases}$$

解之得 $\lambda_1=2,\lambda_2=-2,\lambda_3=1$，于是

$$\boldsymbol{\beta}=2\boldsymbol{a}_1-2\boldsymbol{a}_2+\boldsymbol{a}_3.$$

对于线性方程组

$$\begin{cases}x_1-x_2-2x_3=2,\\2x_1+3x_2-4x_3=-6,\\-x_1-2x_2+x_3=3,\end{cases}$$

若设

$$\boldsymbol{a}_1=\begin{pmatrix}1\\2\\-1\end{pmatrix},\boldsymbol{a}_2=\begin{pmatrix}-1\\3\\-2\end{pmatrix},\boldsymbol{a}_3=\begin{pmatrix}-2\\-4\\1\end{pmatrix},\boldsymbol{\beta}=\begin{pmatrix}2\\-6\\3\end{pmatrix},$$

则线性方程组可写成向量方程的形式

$$x_1\boldsymbol{a}_1+x_2\boldsymbol{a}_2+x_3\boldsymbol{a}_3=\boldsymbol{\beta},$$

它的解为 $x_1=2,x_2=-2,x_3=1$.

显然,零向量是任何向量组 $\boldsymbol{a}_1,\boldsymbol{a}_2,\cdots,\boldsymbol{a}_n$ 的线性组合,或者说零向量可由任何向量组 $\boldsymbol{a}_1,\boldsymbol{a}_2,\cdots,\boldsymbol{a}_n$ 线性表示.

例 3 设向量组

$$\boldsymbol{\beta}=\begin{pmatrix}2\\0\\4\end{pmatrix},\boldsymbol{a}_1=\begin{pmatrix}3\\1\\2\end{pmatrix},\boldsymbol{a}_2=\begin{pmatrix}1\\2\\3\end{pmatrix},\boldsymbol{a}_3=\begin{pmatrix}2\\3\\1\end{pmatrix},$$

试判断 $\boldsymbol{\beta}$ 是否是 $\boldsymbol{a}_1,\boldsymbol{a}_2,\boldsymbol{a}_3$ 的线性组合.

解 设存在实数 $\lambda_1,\lambda_2,\lambda_3$,使

$$\boldsymbol{\beta}=\lambda_1\boldsymbol{a}_1+\lambda_2\boldsymbol{a}_2+\lambda_3\boldsymbol{a}_3,$$

即

$$\begin{pmatrix}2\\0\\4\end{pmatrix}=\lambda_1\begin{pmatrix}3\\1\\2\end{pmatrix}+\lambda_2\begin{pmatrix}1\\2\\3\end{pmatrix}+\lambda_3\begin{pmatrix}2\\3\\1\end{pmatrix}.$$

由向量的线性运算和相等的定义,得线性方程组

$$\begin{cases}3\lambda_1+\lambda_2+2\lambda_3=2,\\\lambda_1+2\lambda_2+3\lambda_3=0,\\2\lambda_1+3\lambda_2+\lambda_3=4.\end{cases}$$

因为

$$D=\begin{vmatrix}3&1&2\\1&2&3\\2&3&1\end{vmatrix}=-18\neq0,$$

所以,根据克莱姆法则可知,该方程组有解.

又因为

$$D_1=-18,D_2=-18,D_3=18,$$

所以解为

$$\lambda_1=1,\lambda_2=1,\lambda_3=-1,$$

于是

$$\boldsymbol{\beta}=\boldsymbol{a}_1+\boldsymbol{a}_2-\boldsymbol{a}_3,$$

所以 $\boldsymbol{\beta}$ 是向量组 $\boldsymbol{a}_1,\boldsymbol{a}_2,\boldsymbol{a}_3$ 的线性组合.

例 4 已知向量

$$\boldsymbol{a}_1=\begin{pmatrix}1\\-2\end{pmatrix},\boldsymbol{a}_2=\begin{pmatrix}-2\\4\end{pmatrix},\boldsymbol{\beta}=\begin{pmatrix}1\\-4\end{pmatrix},$$

试判断向量 $\boldsymbol{\beta}$ 是否可用向量组 $\boldsymbol{a}_1,\boldsymbol{a}_2$ 线性表示.

解　设存在实数 λ_1,λ_2，使

$$\boldsymbol{\beta}=\lambda_1\boldsymbol{a}_1+\lambda_2\boldsymbol{a}_2,$$

即

$$\begin{pmatrix}1\\-4\end{pmatrix}=\lambda_1\begin{pmatrix}1\\-2\end{pmatrix}+\lambda_2\begin{pmatrix}-2\\4\end{pmatrix},$$

得线性方程组

$$\begin{cases}\lambda_1-2\lambda_2=1,\\-2\lambda_1+4\lambda_2=-4,\end{cases}$$

其同解方程组是

$$\begin{cases}\lambda_1-2\lambda_2=1,\\\lambda_1-2\lambda_2=2,\end{cases}$$

这是矛盾方程组，无解，因而向量 $\boldsymbol{\beta}$ 不能用向量组 $\boldsymbol{a}_1,\boldsymbol{a}_2$ 线性表示．

例 5　设向量组

$$\boldsymbol{a}_1=\begin{pmatrix}2\\3\\1\end{pmatrix},\boldsymbol{a}_2=\begin{pmatrix}1\\2\\1\end{pmatrix},\boldsymbol{a}_3=\begin{pmatrix}3\\2\\-1\end{pmatrix},\boldsymbol{\beta}=\begin{pmatrix}2\\1\\-1\end{pmatrix}.$$

判定 $\boldsymbol{\beta}$ 是否能被 $\boldsymbol{a}_1,\boldsymbol{a}_2,\boldsymbol{a}_3$ 线性表示．

解　设存在实数 $\lambda_1,\lambda_2,\lambda_3$，使

$$\boldsymbol{\beta}=\lambda_1\boldsymbol{a}_1+\lambda_2\boldsymbol{a}_2+\lambda_3\boldsymbol{a}_3,$$

即

$$\begin{pmatrix}2\\1\\-1\end{pmatrix}=\lambda_1\begin{pmatrix}2\\3\\1\end{pmatrix}+\lambda_2\begin{pmatrix}1\\2\\1\end{pmatrix}+\lambda_3\begin{pmatrix}3\\2\\-1\end{pmatrix},$$

得线性方程组

$$\begin{cases}2\lambda_1+\lambda_2+3\lambda_3=2,\\3\lambda_1+2\lambda_2+2\lambda_3=1,\\\lambda_1+\lambda_2-\lambda_3=-1,\end{cases}$$

其同解方程组为

$$\begin{cases}2\lambda_1+\lambda_2+3\lambda_3=2,\\\lambda_1+\lambda_2-\lambda_3=-1,\end{cases}$$

将 λ_3 移到方程的右边，得

$$\begin{cases}2\lambda_1+\lambda_2=2-3\lambda_3,\\\lambda_1+\lambda_2=-1+\lambda_3,\end{cases}$$

令 $\lambda_3=0$，求出 $\lambda_1=3,\lambda_2=-4$.

故方程组的一个解为

$$\begin{cases}\lambda_1=3,\\\lambda_2=-4,\\\lambda_3=0,\end{cases}$$

所以

$$\boldsymbol{\beta}=3\boldsymbol{a}_1-4\boldsymbol{a}_2.$$

须要注意的是，由于 λ_3 可任意取值，从而方程组有无穷多组解，所以 $\boldsymbol{\beta}$ 用 $\boldsymbol{a}_1,\boldsymbol{a}_2,\boldsymbol{a}_3$ 线性表示的形式不唯一．

从以上例 3，例 4，例 5 可以看出，一个向量能否可以被一组向量线性表示需要进一步探讨．

3. 等价向量组

定义 6　设有两个同维数的向量组

$$(A):\quad \boldsymbol{\alpha}_1,\boldsymbol{\alpha}_2,\cdots,\boldsymbol{\alpha}_n;$$
$$(B):\quad \boldsymbol{\beta}_1,\boldsymbol{\beta}_2,\cdots,\boldsymbol{\beta}_m.$$

若向量组 (B) 的每个向量都能由向量组 (A) 线性表示，则称**向量组 (B) 能由向量组 (A) 线性表示**．

若向量组 (A) 与 (B) 能互相线性表示，则称这两个**向量组等价**．

定理 1　向量组 (B)：$\boldsymbol{\beta}_1,\boldsymbol{\beta}_2,\cdots,\boldsymbol{\beta}_m$ 能由向量组 (A)：$\boldsymbol{\alpha}_1,\boldsymbol{\alpha}_2,\cdots,\boldsymbol{\alpha}_n$ 线性表示的充分必要条件是矩阵 $\boldsymbol{A}=(\boldsymbol{\alpha}_1\quad\boldsymbol{\alpha}_2\quad\cdots\quad\boldsymbol{\alpha}_n)$ 的秩等于矩阵 $(\boldsymbol{A},\boldsymbol{B})=(\boldsymbol{\alpha}_1\quad\boldsymbol{\alpha}_2\quad\cdots\quad\boldsymbol{\alpha}_n\quad\boldsymbol{\beta}_1\quad\boldsymbol{\beta}_2\quad\cdots\quad\boldsymbol{\beta}_m)$ 的秩，即

$$R(\boldsymbol{A})=R(\boldsymbol{A},\boldsymbol{B}).$$

证明从略．

推论　向量组 (A) 与 (B) 等价的充分必要条件是 $R(\boldsymbol{A})=R(\boldsymbol{B})=R(\boldsymbol{A},\boldsymbol{B})$．

例 6　设向量组 (A) 与 (B) 分别为

$$(A):\quad \boldsymbol{e}_1=\begin{pmatrix}1\\0\\0\end{pmatrix},\boldsymbol{e}_2=\begin{pmatrix}0\\1\\0\end{pmatrix},\boldsymbol{e}_3=\begin{pmatrix}0\\0\\1\end{pmatrix},$$

$$(B):\quad \boldsymbol{\beta}_1=\begin{pmatrix}2\\0\\0\end{pmatrix},\boldsymbol{\beta}_2=\begin{pmatrix}2\\3\\0\end{pmatrix},\boldsymbol{\beta}_3=\begin{pmatrix}2\\3\\4\end{pmatrix},$$

验证向量组 (A) 与 (B) 等价．

解　显然，矩阵 $\boldsymbol{A}=(\boldsymbol{e}_1\quad\boldsymbol{e}_2\quad\boldsymbol{e}_3)$ 的秩，等于矩阵 $\boldsymbol{B}=(\boldsymbol{\beta}_1\quad\boldsymbol{\beta}_2\quad\boldsymbol{\beta}_3)$ 的秩，等于矩阵 $(\boldsymbol{A},\boldsymbol{B})=(\boldsymbol{e}_1\quad\boldsymbol{e}_2\quad\boldsymbol{e}_3\quad\boldsymbol{\beta}_1\quad\boldsymbol{\beta}_2\quad\boldsymbol{\beta}_3)$ 的秩，即

$$R(\boldsymbol{A})=R(\boldsymbol{B})=R(\boldsymbol{A},\boldsymbol{B})=3,$$

故向量组 (A) 与 (B) 等价．事实上

$$\boldsymbol{e}_1=\frac{1}{2}\boldsymbol{\beta}_1+0\boldsymbol{\beta}_2+0\boldsymbol{\beta}_3,$$

$$\boldsymbol{e}_2=-\frac{1}{3}\boldsymbol{\beta}_1+\frac{1}{3}\boldsymbol{\beta}_2+0\boldsymbol{\beta}_3,$$

$$\boldsymbol{e}_3=0\boldsymbol{\beta}_1-\frac{1}{4}\boldsymbol{\beta}_2+\frac{1}{4}\boldsymbol{\beta}_3;$$

$$\boldsymbol{\beta}_1=2\boldsymbol{e}_1+0\boldsymbol{e}_2+0\boldsymbol{e}_3,$$
$$\boldsymbol{\beta}_2=2\boldsymbol{e}_1+3\boldsymbol{e}_2+0\boldsymbol{e}_3,$$
$$\boldsymbol{\beta}_3=2\boldsymbol{e}_1+30\boldsymbol{e}_2+4\boldsymbol{e}_3.$$

例 7　设向量组 (A) 与 (B) 分别为

$$(A):\quad \boldsymbol{\alpha}_1=\begin{pmatrix}1\\3\\1\end{pmatrix},\boldsymbol{\alpha}_2=\begin{pmatrix}2\\7\\1\end{pmatrix},\boldsymbol{\alpha}_3=\begin{pmatrix}3\\5\\2\end{pmatrix},$$

$$(B):\quad \boldsymbol{\beta}_1=\begin{pmatrix}1\\1\\0\end{pmatrix},\boldsymbol{\beta}_2=\begin{pmatrix}3\\4\\1\end{pmatrix},\boldsymbol{\beta}_3=\begin{pmatrix}2\\1\\2\end{pmatrix}.$$

证明向量组(A)与(B)等价.

证　记

$$\boldsymbol{A}=(\boldsymbol{\alpha}_1\quad \boldsymbol{\alpha}_2\quad \boldsymbol{\alpha}_3),$$
$$\boldsymbol{B}=(\boldsymbol{\beta}_1\quad \boldsymbol{\beta}_2\quad \boldsymbol{\beta}_3).$$

由定理 1 的推论,只要证

$$R(\boldsymbol{A})=R(\boldsymbol{B})=R(\boldsymbol{A},\boldsymbol{B}).$$

因为

$$(\boldsymbol{A},\boldsymbol{B})=\begin{pmatrix}1&2&3&1&3&2\\3&7&5&1&4&1\\1&1&2&0&1&2\end{pmatrix}$$

$$\overset{r_2-3r_1}{\underset{r_3-r_1}{\sim}}\begin{pmatrix}1&2&3&1&3&2\\0&1&-4&-2&-5&-5\\0&-1&-1&-1&-2&0\end{pmatrix}$$

$$\overset{r_3+r_2}{\sim}\begin{pmatrix}1&2&3&1&3&2\\0&1&-4&-2&-5&-5\\0&0&-5&-3&-7&-5\end{pmatrix},$$

$$\boldsymbol{B}=\begin{pmatrix}1&3&2\\1&4&1\\0&1&2\end{pmatrix}\overset{r_2-r_1}{\sim}\begin{pmatrix}1&3&2\\0&1&-1\\0&1&2\end{pmatrix}$$

$$\overset{r_3-r_2}{\sim}\begin{pmatrix}1&3&2\\0&1&-1\\0&0&3\end{pmatrix},$$

所以$R(\boldsymbol{A})=R(\boldsymbol{A},\boldsymbol{B})=3$,$R(\boldsymbol{B})=3$,故向量组$(A)$与$(B)$等价.

第二节　向量组的线性相关性

一、向量组的线性相关性

1. 背　景

考察线性方程组

$$(1)\begin{cases}x_1-2x_2=1,\\2x_1-4x_2=2;\end{cases}(2)\begin{cases}x_1-2x_2=1,\\x_1+2x_2=3;\end{cases}(3)\begin{cases}x_1-2x_2=1,\\2x_1-4x_2=3.\end{cases}$$

显然,

方程组(1)的两个方程可以互相替代,同解变形后只剩一个方程,方程组(1)有无限多个解;

方程组(2)的两个方程不能互相替代,有唯一解;

方程组(3)的两个方程互相矛盾,无解.

讨论这三个方程组对应的向量组

$$(A):\boldsymbol{\alpha}_1^{\mathrm{T}}=(1,-2,1),\boldsymbol{\alpha}_2^{\mathrm{T}}=(2,-4,2);$$

$$(B):\boldsymbol{\beta}_1^{\mathrm{T}}=(1,-2,1),\boldsymbol{\beta}_2^{\mathrm{T}}=(1,2,3);$$

$$(C):\boldsymbol{\gamma}_1^{\mathrm{T}}=(1,-2,1),\boldsymbol{\gamma}_2^{\mathrm{T}}=(2,-4,3).$$

向量组(A)的两个向量$\boldsymbol{\alpha}_1^{\mathrm{T}},\boldsymbol{\alpha}_2^{\mathrm{T}}$对应分量成比例,$\boldsymbol{\alpha}_1^{\mathrm{T}}$与$\boldsymbol{\alpha}_2^{\mathrm{T}}$可以互相线性表示:

$$\boldsymbol{\alpha}_2^{\mathrm{T}}=2\boldsymbol{\alpha}_1^{\mathrm{T}} \text{ 或 } \boldsymbol{\alpha}_1^{\mathrm{T}}=\frac{1}{2}\boldsymbol{\alpha}_2^{\mathrm{T}}.$$

改写为

$$\boldsymbol{\alpha}_2^{\mathrm{T}}-2\boldsymbol{\alpha}_1^{\mathrm{T}}=\mathbf{0}^{\mathrm{T}} \text{ 或 } \boldsymbol{\alpha}_1^{\mathrm{T}}-\frac{1}{2}\boldsymbol{\alpha}_2^{\mathrm{T}}=\mathbf{0}^{\mathrm{T}}.$$

向量组(B)的两个向量$\boldsymbol{\beta}_1^{\mathrm{T}}$,$\boldsymbol{\beta}_2^{\mathrm{T}}$对应分量不成比例,$\boldsymbol{\beta}_1^{\mathrm{T}}$与$\boldsymbol{\beta}_2^{\mathrm{T}}$是否可以互相线性表示呢?不妨设存在实数$\lambda_1,\lambda_2$,使得

$$\lambda_1\boldsymbol{\beta}_1^{\mathrm{T}}+\lambda_2\boldsymbol{\beta}_2^{\mathrm{T}}=\mathbf{0}^{\mathrm{T}},$$

即

$$\lambda_1(1,-2,1)+\lambda_2(1,2,3)=(0,0,0),$$

亦即

$$\begin{cases}\lambda_1+\lambda_2=0,\\-2\lambda_1+2\lambda_2=0,\\\lambda_1+3\lambda_2=0,\end{cases}$$

解之得

$$\lambda_1=\lambda_2=0.$$

这说明$\boldsymbol{\beta}_1^{\mathrm{T}}$与$\boldsymbol{\beta}_2^{\mathrm{T}}$不能互相线性表示,或者说要使其线性组合

$$\lambda_1\boldsymbol{\beta}_1^{\mathrm{T}}+\lambda_2\boldsymbol{\beta}_2^{\mathrm{T}}=\mathbf{0}^{\mathrm{T}}$$

成立,当且仅当$\lambda_1=\lambda_2=0$.

对于向量组(C),若存在实数λ_1,λ_2,使得

$$\lambda_1\boldsymbol{\gamma}_1^{\mathrm{T}}+\lambda_2\boldsymbol{\gamma}_2^{\mathrm{T}}=\mathbf{0}^{\mathrm{T}}$$

成立,λ_1,λ_2的取值如何,请读者完成.

对于上面的现象,我们称向量组(A)的两个向量$\boldsymbol{\alpha}_1^{\mathrm{T}},\boldsymbol{\alpha}_2^{\mathrm{T}}$具有线性关系,或者说线性相关;向量组$(B)$的两个向量$\boldsymbol{\beta}_1^{\mathrm{T}}$,$\boldsymbol{\beta}_2^{\mathrm{T}}$不具有线性关系,或者说线性无关.

2. 线性相关性

定义 1 设有向量组

$$(A):\quad \boldsymbol{a}_1=\begin{pmatrix}a_{11}\\a_{21}\\\vdots\\a_{m1}\end{pmatrix},\boldsymbol{a}_2=\begin{pmatrix}a_{12}\\a_{22}\\\vdots\\a_{m2}\end{pmatrix},\cdots,\boldsymbol{a}_n=\begin{pmatrix}a_{1n}\\a_{2n}\\\vdots\\a_{mn}\end{pmatrix},$$

若存在一组不全为零的数 $\lambda_1,\lambda_2,\cdots,\lambda_n$，使得

$$\lambda_1 \boldsymbol{a}_1+\lambda_2 \boldsymbol{a}_2+\cdots+\lambda_n \boldsymbol{a}_n=\mathbf{0} \tag{3-1}$$

成立，则称向量组 $\boldsymbol{a}_1,\boldsymbol{a}_2,\cdots,\boldsymbol{a}_n$ **线性相关**．

否则，若当且仅当 $\lambda_1=\lambda_2=\cdots=\lambda_n=0$ 时，(3－1)式才成立，则称向量组 $\boldsymbol{a}_1,\boldsymbol{a}_2,\cdots,\boldsymbol{a}_n$ **线性无关**．

例 1　判断向量组

$$(A):\quad \boldsymbol{e}_1=\begin{pmatrix}1\\0\\0\end{pmatrix},\boldsymbol{e}_2=\begin{pmatrix}0\\1\\0\end{pmatrix},\boldsymbol{e}_3=\begin{pmatrix}0\\0\\1\end{pmatrix}$$

的线性相关性．

解　设存在一组数 $\lambda_1,\lambda_2,\lambda_3$，使得

$$\lambda_1 \boldsymbol{e}_1+\lambda_2 \boldsymbol{e}_2+\lambda_3 \boldsymbol{e}_3=\mathbf{0},$$

成立，即

$$\lambda_1\begin{pmatrix}1\\0\\0\end{pmatrix}+\lambda_2\begin{pmatrix}0\\1\\0\end{pmatrix}+\lambda_3\begin{pmatrix}0\\0\\1\end{pmatrix}=\begin{pmatrix}0\\0\\0\end{pmatrix},$$

亦即

$$\begin{pmatrix}\lambda_1\\\lambda_2\\\lambda_3\end{pmatrix}=\begin{pmatrix}0\\0\\0\end{pmatrix},$$

所以方程组只有唯一零解，即

$$\lambda_1=\lambda_2=\lambda_3=0,$$

因此向量组(A)线性无关．

例 2　判断向量组

$$(A):\quad \begin{aligned}\boldsymbol{a}_1^{\mathrm{T}}&=(2,1,0),\\ \boldsymbol{a}_2^{\mathrm{T}}&=(1,2,1),\\ \boldsymbol{a}_3^{\mathrm{T}}&=(3,3,1)\end{aligned}$$

的线性相关性．

解　设存在一组数 $\lambda_1,\lambda_2,\lambda_3$，使得

$$\lambda_1 \boldsymbol{a}_1^{\mathrm{T}}+\lambda_2 \boldsymbol{a}_2^{\mathrm{T}}+\lambda_3 \boldsymbol{a}_3^{\mathrm{T}}=\mathbf{0}^{\mathrm{T}}$$

成立，即

$$\lambda_1(2,1,0)+\lambda_2(1,2,1)+\lambda_3(3,3,1)=(0,0,0),$$

得线性方程组

$$(1)\begin{cases}2\lambda_1+\lambda_2=0,\\ \lambda_1+2\lambda_2+\lambda_3=0,\\ 3\lambda_1+3\lambda_2+\lambda_3=0.\end{cases}$$

因为

$$D=\begin{vmatrix}2&1&0\\1&2&1\\3&3&1\end{vmatrix}=0,$$

所以无法使用克莱姆法则求方程组的解.

方程组(1)的同解方程组为

$$\begin{cases}2\lambda_1+\lambda_2=0,\\ \lambda_1+2\lambda_2+\lambda_3=0,\end{cases}$$

取 $\lambda_3=1$,得 $\lambda_1=\frac{1}{3}$,$\lambda_2=-\frac{2}{3}$. 由定义 1 可知,向量组(A)线性相关.

此时,

$$\frac{1}{3}\boldsymbol{a}_1^{\mathrm{T}}-\frac{2}{3}\boldsymbol{a}_2^{\mathrm{T}}+\boldsymbol{a}_3^{\mathrm{T}}=\boldsymbol{0}^{\mathrm{T}},$$

或

$$\boldsymbol{a}_1^{\mathrm{T}}=2\boldsymbol{a}_2^{\mathrm{T}}-3\boldsymbol{a}_3^{\mathrm{T}}.$$

显然,向量组

$$(B):\quad \begin{array}{l}\boldsymbol{a}_1^{\mathrm{T}}=(2,1,0),\\ \boldsymbol{a}_2^{\mathrm{T}}=(1,2,1),\\ \boldsymbol{a}_3^{\mathrm{T}}=(3,3,1),\\ \boldsymbol{a}_4^{\mathrm{T}}=(0,0,0)\end{array}$$

是线性相关的,因为

$$\boldsymbol{a}_1^{\mathrm{T}}=2\boldsymbol{a}_2^{\mathrm{T}}-3\boldsymbol{a}_3^{\mathrm{T}}+0\boldsymbol{a}_4^{\mathrm{T}},$$

即存在一组不全为零的数 $\lambda_1=\frac{1}{3}$,$\lambda_2=-\frac{2}{3}$,$\lambda_3=1$,$\lambda_4=0$,使

$$\frac{1}{3}\boldsymbol{a}_1^{\mathrm{T}}-\frac{2}{3}\boldsymbol{a}_2^{\mathrm{T}}+\boldsymbol{a}_3^{\mathrm{T}}+0\boldsymbol{a}_4^{\mathrm{T}}=\boldsymbol{0}^{\mathrm{T}}$$

成立.

由定义 1 可得以下结论:

(1)单个非零向量自身必线性无关;

(2)含有零向量的任何向量组一定线性相关.

例 3 判断向量组

$$(A):\quad \begin{array}{l}\boldsymbol{a}_1^{\mathrm{T}}=(2,1,0),\\ \boldsymbol{a}_2^{\mathrm{T}}=(1,2,1),\\ \boldsymbol{a}_3^{\mathrm{T}}=(0,1,2)\end{array}$$

的线性相关性.

解 设存在一组数 $\lambda_1,\lambda_2,\lambda_3$,使得

$$\lambda_1\boldsymbol{a}_1^{\mathrm{T}}+\lambda_2\boldsymbol{a}_2^{\mathrm{T}}+\lambda_3\boldsymbol{a}_3^{\mathrm{T}}=\boldsymbol{0}^{\mathrm{T}},$$

成立,即

$$\lambda_1(2,1,0)+\lambda_2(1,2,1)+\lambda_3(0,1,2)=(0,0,0),$$

得线性方程组

$$\begin{cases}2\lambda_1+\lambda_2=0,\\ \lambda_1+2\lambda_2+\lambda_3=0,\\ \lambda_2+2\lambda_3=0.\end{cases}$$

因为

$$D=\begin{vmatrix}2&1&0\\1&2&1\\0&1&2\end{vmatrix}=4\neq0, D_1=D_2=D_3=0,$$

所以方程组只有唯一零解，即

$$\lambda_1=\lambda_2=\lambda_3=0,$$

因此向量组(A)线性无关.

一般地，判别向量组

$$(A):\quad \boldsymbol{a}_1=\begin{pmatrix}a_{11}\\a_{21}\\\vdots\\a_{m1}\end{pmatrix}, \boldsymbol{a}_2=\begin{pmatrix}a_{12}\\a_{22}\\\vdots\\a_{m2}\end{pmatrix}, \cdots, \boldsymbol{a}_n=\begin{pmatrix}a_{1n}\\a_{2n}\\\vdots\\a_{mn}\end{pmatrix}$$

的线性相关性，都可通过相应的齐次线性方程组

$$\lambda_1\boldsymbol{a}_1+\lambda_2\boldsymbol{a}_2+\cdots+\lambda_n\boldsymbol{a}_n=\boldsymbol{0}$$

是否有非零解来判断．若有非零解，则向量组线性相关；若只有唯一零解，则向量组线性无关.

例 4　设向量组

$$(A):\boldsymbol{\alpha},\boldsymbol{\beta},\boldsymbol{\gamma}$$

线性无关，求证

$$(B):\boldsymbol{\alpha}+\boldsymbol{\beta},\boldsymbol{\beta}+\boldsymbol{\gamma},\boldsymbol{\alpha}+\boldsymbol{\gamma}$$

线性无关.

证　设存在一组数 $\lambda_1,\lambda_2,\lambda_3$，使

$$\lambda_1(\boldsymbol{\alpha}+\boldsymbol{\beta})+\lambda_2(\boldsymbol{\beta}+\boldsymbol{\gamma})+\lambda_3(\boldsymbol{\alpha}+\boldsymbol{\gamma})=\boldsymbol{0}$$

成立，则

$$(\lambda_1+\lambda_3)\boldsymbol{\alpha}+(\lambda_1+\lambda_2)\boldsymbol{\beta}+(\lambda_2+\lambda_3)\boldsymbol{\gamma}=\boldsymbol{0}.$$

因为 $\boldsymbol{\alpha},\boldsymbol{\beta},\boldsymbol{\gamma}$ 线性无关，于是

$$\begin{cases}\lambda_1+\lambda_3=0,\\\lambda_1+\lambda_2=0,\\\lambda_2+\lambda_3=0.\end{cases}$$

又因为

$$D=\begin{vmatrix}1&0&1\\1&1&0\\0&1&1\end{vmatrix}=2\neq0,$$

所以 $\lambda_1=\lambda_2=\lambda_3=0$，因此向量组$(B)$线性无关.

定理 1　向量组

$$(A):\boldsymbol{a}_1,\boldsymbol{a}_2,\cdots,\boldsymbol{a}_n(n\geqslant2)$$

线性相关的充分必要条件是其中存在一个向量可以由其余向量线性表示.

证　必要性：因为 $\boldsymbol{a}_1,\boldsymbol{a}_2,\cdots,\boldsymbol{a}_n$ 线性相关，所以存在不全为零的数 $\lambda_1,\lambda_2,\cdots,\lambda_n$，使

$$\lambda_1\boldsymbol{a}_1+\lambda_2\boldsymbol{a}_2+\cdots+\lambda_n\boldsymbol{a}_n=\boldsymbol{0}$$

成立．不妨设 $\lambda_1 \neq 0$，则

$$\boldsymbol{a}_1 = -\frac{\lambda_2}{\lambda_1}\boldsymbol{a}_2 - \frac{\lambda_3}{\lambda_1}\boldsymbol{a}_3 - \cdots - \frac{\lambda_n}{\lambda_1}\boldsymbol{a}_n,$$

所以 $\boldsymbol{a}_1$ 可由 $\boldsymbol{a}_2, \cdots, \boldsymbol{a}_n$ 线性表示．

充分性：设 $\boldsymbol{a}_1$ 可由 $\boldsymbol{a}_2, \cdots, \boldsymbol{a}_n$ 线性表示，即

$$\boldsymbol{a}_1 = l_2\boldsymbol{a}_2 + l_3\boldsymbol{a}_3 + \cdots + l_n\boldsymbol{a}_n,$$

于是

$$1 \cdot \boldsymbol{a}_1 - l_2\boldsymbol{a}_2 - l_3\boldsymbol{a}_3 - \cdots - l_n\boldsymbol{a}_n = \boldsymbol{0},$$

而 $1, -l_2, \cdots, -l_n$ 已经有一个数 1 不是零，根据定义，$\boldsymbol{a}_1, \boldsymbol{a}_2, \cdots, \boldsymbol{a}_n$ 线性相关．

推论　两个向量线性相关的充分必要条件是对应分量成比例．

例 5　判断向量组

$$(A): \quad \boldsymbol{e}_1 = \begin{pmatrix}1\\0\\0\end{pmatrix}, \boldsymbol{e}_2 = \begin{pmatrix}0\\1\\0\end{pmatrix}, \boldsymbol{e}_3 = \begin{pmatrix}0\\0\\1\end{pmatrix}, \boldsymbol{a} = \begin{pmatrix}1\\3\\2\end{pmatrix}$$

的线性相关性．

解　显然

$$\boldsymbol{a} = \boldsymbol{e}_1 + 3\boldsymbol{e}_2 + 2\boldsymbol{e}_3,$$

由定理 1 可知，向量组 (A) 线性相关．

例 6　(1)讨论向量组

$$(A): \quad \boldsymbol{a}_1 = \begin{pmatrix}1\\0\end{pmatrix}, \boldsymbol{a}_2 = \begin{pmatrix}0\\1\end{pmatrix}$$

的线性相关性．

(2)讨论向量组

$$(B): \quad \boldsymbol{\beta}_1 = \begin{pmatrix}a\\1\\0\end{pmatrix}, \boldsymbol{\beta}_2 = \begin{pmatrix}b\\0\\1\end{pmatrix}$$

的线性相关性．

解　(1)设存在实数 λ_1, λ_2，使

$$\lambda_1\boldsymbol{a}_1 + \lambda_2\boldsymbol{a}_2 = \boldsymbol{0},$$

即

$$\lambda_1\begin{pmatrix}1\\0\end{pmatrix} + \lambda_2\begin{pmatrix}0\\1\end{pmatrix} = \begin{pmatrix}0\\0\end{pmatrix},$$

解之得 $\lambda_1 = \lambda_2 = 0$，故向量组 (A) 线性无关．

(2)设存在实数 k_1, k_2，使

$$k_1\boldsymbol{\beta}_1 + k_2\boldsymbol{\beta}_2 = \boldsymbol{0},$$

即

$$k_1\begin{pmatrix}a\\1\\0\end{pmatrix} + k_2\begin{pmatrix}b\\0\\1\end{pmatrix} = \begin{pmatrix}0\\0\\0\end{pmatrix},$$

解之得 $k_1=k_2=0$，故向量组(B)线性无关．

向量组(B)是在向量组(A)的每个向量的相同位置上增加了一个分量得到的．可以证明，向量组(A)的每个向量的相同位置上增加有限个分量得到的向量组也是线性无关的．

定理 2　若由 n 个 m 维向量组成的向量组

$$(A):\quad \boldsymbol{a}_1=\begin{pmatrix}a_{11}\\a_{21}\\\vdots\\a_{m1}\end{pmatrix},\boldsymbol{a}_2=\begin{pmatrix}a_{12}\\a_{22}\\\vdots\\a_{m2}\end{pmatrix},\cdots,\boldsymbol{a}_n=\begin{pmatrix}a_{1n}\\a_{2n}\\\vdots\\a_{mn}\end{pmatrix}$$

线性无关，则在每一个向量上添加一个分量所得到的($m+1$)维向量组

$$(B):\quad \boldsymbol{a}_1=\begin{pmatrix}a_{11}\\a_{21}\\\vdots\\a_{m1}\\a_{m+1,1}\end{pmatrix},\boldsymbol{a}_2=\begin{pmatrix}a_{12}\\a_{22}\\\vdots\\a_{m2}\\a_{m+1,2}\end{pmatrix},\cdots,\boldsymbol{a}_n=\begin{pmatrix}a_{1n}\\a_{2n}\\\vdots\\a_{mn}\\a_{m+1,n}\end{pmatrix}$$

也线性无关．

这个结论可以推广到添加有限个分量的情形，证明从略．

例如，由向量组

$$(A):\quad \boldsymbol{e}_1=\begin{pmatrix}1\\0\\0\end{pmatrix},\boldsymbol{e}_2=\begin{pmatrix}0\\1\\0\end{pmatrix},\boldsymbol{e}_3=\begin{pmatrix}0\\0\\1\end{pmatrix}$$

线性无关可以直接得到向量组

$$(B):\quad \boldsymbol{a}_1=\begin{pmatrix}1\\2\\1\\0\\0\end{pmatrix},\boldsymbol{a}_2=\begin{pmatrix}3\\4\\0\\1\\0\end{pmatrix},\boldsymbol{a}_3=\begin{pmatrix}5\\6\\0\\0\\1\end{pmatrix}$$

线性无关．

请读者注意，在第四章线性方程组解的结构理论中将用到这个结论．

二、向量组线性相关性的矩阵判别法

1. 背　景

对于两个向量组

$$(A):\quad \boldsymbol{e}_1=\begin{pmatrix}1\\0\\0\end{pmatrix},\boldsymbol{e}_2=\begin{pmatrix}0\\1\\0\end{pmatrix},\boldsymbol{e}_3=\begin{pmatrix}0\\0\\1\end{pmatrix},$$

$$(B):\quad \boldsymbol{e}_1=\begin{pmatrix}1\\0\\0\end{pmatrix},\boldsymbol{e}_2=\begin{pmatrix}0\\1\\0\end{pmatrix},\boldsymbol{e}_3=\begin{pmatrix}0\\0\\1\end{pmatrix},\boldsymbol{a}=\begin{pmatrix}1\\3\\2\end{pmatrix},$$

我们知道，向量组(A)线性无关，而向量组(B)线性相关．

向量组(A)与(B)的对应矩阵分别记做

$$A=(e_1\quad e_2\quad e_3)=\begin{pmatrix}1&0&0\\0&1&0\\0&0&1\end{pmatrix},$$

$$B=(e_1\quad e_2\quad e_3\quad a)=\begin{pmatrix}1&0&0&1\\0&1&0&3\\0&0&1&2\end{pmatrix}.$$

显然,$R(\boldsymbol{A})=R(\boldsymbol{B})=3$,我们发现:

(1)矩阵 $\boldsymbol{A}$ 的秩等于矩阵$\boldsymbol{A}$ 的列向量组的向量个数;

(2)矩阵 $\boldsymbol{B}$ 的秩小于矩阵 $\boldsymbol{B}$ 的列向量组的向量个数.

事实上,向量组的线性相关性与向量组对应矩阵的秩有着必然联系.

2. 矩阵判别法

对于矩阵

$$\boldsymbol{A}=\begin{pmatrix}a_{11}&a_{12}&\cdots&a_{1n}\\a_{21}&a_{22}&\cdots&a_{2n}\\\vdots&\vdots&&\vdots\\a_{m1}&a_{m2}&\cdots&a_{mn}\end{pmatrix},$$

我们可以得到它的行向量组(A)和列向量组(B):

$$(A):\ \begin{matrix}\boldsymbol{\alpha}_1^{\mathrm{T}}=(a_{11},a_{12},\cdots,a_{1n}),\\\boldsymbol{\alpha}_2^{\mathrm{T}}=(a_{21},a_{22},\cdots,a_{2n}),\\\cdots\cdots\\\boldsymbol{\alpha}_m^{\mathrm{T}}=(a_{m1},a_{m2},\cdots,a_{mn});\end{matrix}\qquad (B):\ \boldsymbol{\beta}_1=\begin{pmatrix}a_{11}\\a_{21}\\\vdots\\a_{m1}\end{pmatrix},\boldsymbol{\beta}_2=\begin{pmatrix}a_{12}\\a_{22}\\\vdots\\a_{m2}\end{pmatrix},\cdots,\boldsymbol{\beta}_n=\begin{pmatrix}a_{1n}\\a_{2n}\\\vdots\\a_{mn}\end{pmatrix}$$

反之,任何一个有限行向量组可以构成一个矩阵 $\boldsymbol{A}$,并以此向量组作为 $\boldsymbol{A}$ 的行向量组;任何有限列向量组可以构成一个矩阵 $\boldsymbol{B}$,并以此向量组作为 $\boldsymbol{B}$ 的列向量组.

定理 3 设 $\boldsymbol{A}$ 为 $m\times n$ 矩阵,$\boldsymbol{A}$ 的秩 $R(\boldsymbol{A})=r$.

(1)若 $r<m$ (或 $r<n$),则矩阵 $\boldsymbol{A}$ 的行向量组(或列向量组)线性相关.

(2)若 $r=m$ (或 $r=n$),则矩阵 $\boldsymbol{A}$ 的行向量组(或列向量组)线性无关.

根据定理 3,我们可得判断向量组 $\boldsymbol{a}_1,\boldsymbol{a}_2,\cdots,\boldsymbol{a}_n$ 线性相关的方法和步骤:

(1)由向量组 $\boldsymbol{a}_1,\boldsymbol{a}_2,\cdots,\boldsymbol{a}_n$ 构成矩阵 $\boldsymbol{A}$;

(2)对矩阵 $\boldsymbol{A}$ 实行初等行变换,将 $\boldsymbol{A}$ 化为行阶梯形矩阵,求出 $\boldsymbol{A}$ 的秩 $R(\boldsymbol{A})=r$;

(3)应用定理 3,判别向量组的线性相关性.

例 7 判断向量组

$$(A):\ \begin{matrix}\boldsymbol{a}_1^{\mathrm{T}}=(1,1,0,0),\\\boldsymbol{a}_2^{\mathrm{T}}=(0,2,0,2),\\\boldsymbol{a}_3^{\mathrm{T}}=(0,0,3,0)\end{matrix}$$

的线性相关性.

解 设向量组 $\boldsymbol{a}_1^{\mathrm{T}},\boldsymbol{a}_2^{\mathrm{T}},\boldsymbol{a}_3^{\mathrm{T}}$ 的对应矩阵为

$$A=\begin{pmatrix}1&1&0&0\\0&2&0&2\\0&0&3&0\end{pmatrix}.$$

由于 A 是行阶梯形矩阵，非零行数为 3，故 $R(A)=3$. 因此，向量组 a_1^T,a_2^T,a_3^T 线性无关.

例 8　判断向量组

$$(A):\quad a_1=\begin{pmatrix}3\\1\\0\\2\end{pmatrix},a_2=\begin{pmatrix}1\\-1\\2\\-1\end{pmatrix},a_3=\begin{pmatrix}1\\3\\-4\\4\end{pmatrix}$$

的线性相关性.

解　设向量组 a_1,a_2,a_3 的对应矩阵为 A，对 A 施行初等行变换得

$$A=\begin{pmatrix}3&1&1\\1&-1&3\\0&2&-4\\2&-1&4\end{pmatrix}\overset{r_1\leftrightarrow r_2}{\sim}\begin{pmatrix}1&-1&3\\3&1&1\\0&2&-4\\2&-1&4\end{pmatrix}$$

$$\underset{r_4+(-2)r_1}{\overset{r_2+(-3)r_1}{\sim}}\begin{pmatrix}1&-1&3\\0&4&-8\\0&2&-4\\0&1&-2\end{pmatrix}\overset{r_2\leftrightarrow r_4}{\sim}\begin{pmatrix}1&-1&3\\0&1&-2\\0&2&-4\\0&4&-8\end{pmatrix}$$

$$\underset{r_4+(-4)r_2}{\overset{r_3+(-2)r_2}{\sim}}\begin{pmatrix}1&-1&3\\0&1&-2\\0&0&0\\0&0&0\end{pmatrix},$$

所以 $R(A)=2$，于是向量组(A)线性相关.

第三节　最大无关组

一、最大无关组定义

定义 1　设有向量组(A)，若(A)中有 r 个向量 $a_1,a_2,\cdots,a_r$，满足

(1) $a_1,a_2,\cdots,a_r$ 线性无关，

(2)向量组(A)中任意 $(r+1)$ 个向量（如果(A)中有 $(r+1)$ 个向量的话）都线性相关，

则称 $a_1,a_2,\cdots,a_r$ 是向量组(A)的一个**最大线性无关向量组**，简称**最大无关组**. 最大无关组所含向量个数称为**向量组(A)的秩**.

零向量自身没有最大无关组，规定它的秩为 0.

若向量组(A)含有有限个向量 $a_1,a_2,\cdots,a_n$，则向量组(A)的秩记做

$$R(a_1,a_2,\cdots,a_n).$$

例 1　求向量组(A)的一个最大无关组.

$$(A):\quad \begin{aligned} \boldsymbol{a}_1^{\mathrm{T}}&=(1,2,3),\\ \boldsymbol{a}_2^{\mathrm{T}}&=(2,2,1). \end{aligned}$$

解 因为 $\boldsymbol{a}_1^{\mathrm{T}}$ 与 $\boldsymbol{a}_2^{\mathrm{T}}$ 的对应分量不成比例，所以 $\boldsymbol{a}_1^{\mathrm{T}}$ 与 $\boldsymbol{a}_2^{\mathrm{T}}$ 线性无关．向量组(A)只由两个向量构成，所以向量组(A)的最大无关组是自身．

例 2 (1)求向量组(A)的一个最大无关组．

$$(A):\quad \begin{aligned} \boldsymbol{e}_1^{\mathrm{T}}&=(1,0,0),\\ \boldsymbol{e}_2^{\mathrm{T}}&=(0,1,0),\\ \boldsymbol{e}_3^{\mathrm{T}}&=(0,0,1). \end{aligned}$$

(2)求向量组(B)的一个最大无关组．

$$(B):\quad \begin{aligned} \boldsymbol{a}_1^{\mathrm{T}}&=(1,0,0),\\ \boldsymbol{a}_2^{\mathrm{T}}&=(0,1,0),\\ \boldsymbol{a}_3^{\mathrm{T}}&=(0,0,1),\\ \boldsymbol{a}_4^{\mathrm{T}}&=(1,1,1),\\ \boldsymbol{a}_5^{\mathrm{T}}&=(1,2,3). \end{aligned}$$

解 (1)因为

$$\boldsymbol{A}=\begin{pmatrix}\boldsymbol{e}_1^{\mathrm{T}}\\ \boldsymbol{e}_2^{\mathrm{T}}\\ \boldsymbol{e}_3^{\mathrm{T}}\end{pmatrix}=\begin{pmatrix}1&0&0\\0&1&0\\0&0&1\end{pmatrix},$$

所以 $R(\boldsymbol{A})=3$，所以 $\boldsymbol{e}_1^{\mathrm{T}},\boldsymbol{e}_2^{\mathrm{T}},\boldsymbol{e}_3^{\mathrm{T}}$ 线性无关，故向量组(A)的最大无关组是自身．

同理可知，n 维向量组

$$\boldsymbol{e}_1=\begin{pmatrix}1\\0\\ \vdots\\0\end{pmatrix},\boldsymbol{e}_2=\begin{pmatrix}0\\1\\ \vdots\\0\end{pmatrix},\cdots,\boldsymbol{e}_n=\begin{pmatrix}0\\0\\ \vdots\\1\end{pmatrix}$$

的最大无关组是自身，称其为 **n 维单位坐标向量**．

(2)因为

$$\boldsymbol{A}=\begin{pmatrix}\boldsymbol{a}_1^{\mathrm{T}}\\ \boldsymbol{a}_2^{\mathrm{T}}\\ \boldsymbol{a}_3^{\mathrm{T}}\\ \boldsymbol{a}_4^{\mathrm{T}}\\ \boldsymbol{a}_5^{\mathrm{T}}\end{pmatrix}=\begin{pmatrix}1&0&0\\0&1&0\\0&0&1\\1&1&1\\1&2&3\end{pmatrix}\overset{\substack{r_4-r_1\\ r_5-r_1}}{\sim}\begin{pmatrix}1&0&0\\0&1&0\\0&0&1\\0&1&1\\0&2&3\end{pmatrix}$$

$$\overset{\substack{r_4-r_2\\ r_5-2r_2}}{\sim}\begin{pmatrix}1&0&0\\0&1&0\\0&0&1\\0&0&1\\0&0&3\end{pmatrix}\overset{\substack{r_4-r_3\\ r_5-3r_3}}{\sim}\begin{pmatrix}1&0&0\\0&1&0\\0&0&1\\0&0&0\\0&0&0\end{pmatrix},$$

所以 $R(\boldsymbol{A})=3$，所以向量组(B)线性相关，任意四个向量也必线性相关，而向量组 $\boldsymbol{a}_1^{\mathrm{T}},\boldsymbol{a}_2^{\mathrm{T}},\boldsymbol{a}_3^{\mathrm{T}}$ 线性无关，故向量组 $\boldsymbol{a}_1^{\mathrm{T}},\boldsymbol{a}_2^{\mathrm{T}},\boldsymbol{a}_3^{\mathrm{T}}$ 是向量组(B)的一个最大无关组．

定理 1　矩阵的秩等于它的行向量组的秩，也等于它的列向量组的秩．

证明从略．

推论　设向量组(A_0)：$\boldsymbol{a}_1,\boldsymbol{a}_2,\cdots,\boldsymbol{a}_r$ 是向量组(A)的一个部分组，若

(1)向量组(A_0)线性无关，

(2)向量组(A)的任意一个向量都能由向量组(A_0)线性表示，

则向量组(A_0)是向量组(A)的一个最大无关组．

二、最大无关组求法

由矩阵 $\boldsymbol{A}$ 的秩、等价矩阵及最高阶非零子式等概念和性质可知，若 D_r 是矩阵 $\boldsymbol{A}$ 的一个最高阶非零子式，则 D_r 所在的 r 列向量即为 $\boldsymbol{A}$ 的列向量组的一个最大无关组，D_r 所在的 r 行向量即为 $\boldsymbol{A}$ 的行向量组的一个最大无关组．

例 3　求向量组

$$(A):\quad \boldsymbol{a}_1=\begin{pmatrix}-1\\3\\3\\1\end{pmatrix},\boldsymbol{a}_2=\begin{pmatrix}0\\1\\2\\0\end{pmatrix},\boldsymbol{a}_3=\begin{pmatrix}-1\\2\\1\\1\end{pmatrix},\boldsymbol{a}_4=\begin{pmatrix}1\\-2\\-1\\-1\end{pmatrix}$$

的一个最大无关组．

解　设向量组(A)的对应矩阵为 $\boldsymbol{A}$，对 $\boldsymbol{A}$ 施行初等行变换得

$$\boldsymbol{A}=(\boldsymbol{a}_1\ \ \boldsymbol{a}_2\ \ \boldsymbol{a}_3\ \ \boldsymbol{a}_4)=\begin{pmatrix}-1&0&-1&1\\3&1&2&-2\\3&2&1&-1\\1&0&1&-1\end{pmatrix}$$

$$\underset{r_4+r_1}{\overset{r_2+3r_1,\ r_3+3r_1}{\sim}}\begin{pmatrix}-1&0&-1&1\\0&1&-1&1\\0&2&-2&2\\0&0&0&0\end{pmatrix}\overset{r_3-2r_2}{\sim}\begin{pmatrix}-1&0&-1&1\\0&1&-1&1\\0&0&0&0\\0&0&0&0\end{pmatrix},$$

$$=(\boldsymbol{\beta}_1\ \ \boldsymbol{\beta}_2\ \ \boldsymbol{\beta}_3\ \ \boldsymbol{\beta}_4)=\boldsymbol{A}_1,$$

故 $R(\boldsymbol{A})=2$，于是向量组(A)的秩是 2，即向量组(A)的最大无关组含有两个向量．

由于矩阵 $\boldsymbol{A}$ 有一个二阶子式

$$D_2=\begin{vmatrix}-1&0\\3&1\end{vmatrix}=-1\neq0,$$

它位于矩阵 $\boldsymbol{A}$ 的第一、二列，所以，向量 $\boldsymbol{a}_1$ 与 $\boldsymbol{a}_2$ 线性无关，是向量组(A)的一个最大无关组．

本例分析：

矩阵 $\boldsymbol{A}_1$ 是行阶梯形阵，观察可得二阶非零子式，如

$$D_2'=\begin{vmatrix}-1 & 0\\ 0 & 1\end{vmatrix}=-1\neq 0,$$

D_2' 对应着 D_2，若 $D_2'\neq 0$，则 $D_2\neq 0$，它们分别位于两个等价矩阵 $\boldsymbol{A}$ 和 $\boldsymbol{A}_1$ 的第一、二列，于是，无需在矩阵 $\boldsymbol{A}$ 中寻找二阶非零子式，可以直接确定 $\boldsymbol{a}_1,\boldsymbol{a}_2$ 是向量组(A)的一个最大无关组．

当然，就例 3 而言，由于向量组(A)的一个最大无关组只含有两个向量，而向量 $\boldsymbol{a}_1$ 与 $\boldsymbol{a}_2$ 对应分量不成比例，线性无关，故可以确定向量组 $\boldsymbol{a}_1,\boldsymbol{a}_2$ 是向量组(A)的一个最大无关组．

向量组 $\boldsymbol{a}_1,\boldsymbol{a}_3$，向量组 $\boldsymbol{a}_1,\boldsymbol{a}_4$，向量组 $\boldsymbol{a}_2,\boldsymbol{a}_3$，向量组 $\boldsymbol{a}_2,\boldsymbol{a}_4$ 这四个向量组都是向量组(A)的一个最大无关组．

但向量组 $\boldsymbol{a}_3,\boldsymbol{a}_4$ 却不是向量组(A)的最大无关组．

一般地，向量组的最大无关组不是唯一的，但是，各最大无关组中所含向量的个数相同．

求向量组的秩及一个最大无关组的方法和步骤如下：

1. 当 $\boldsymbol{a}_1,\boldsymbol{a}_2,\cdots,\boldsymbol{a}_n$ 为 m 维列向量组时，由 $\boldsymbol{a}_1,\boldsymbol{a}_2,\cdots,\boldsymbol{a}_n$ 作 $m\times n$ 矩阵

$$\boldsymbol{A}=(\boldsymbol{a}_1\quad \boldsymbol{a}_2\quad \cdots\quad \boldsymbol{a}_n);$$

当 $\boldsymbol{a}_1^{\mathrm{T}},\boldsymbol{a}_2^{\mathrm{T}},\cdots,\boldsymbol{a}_m^{\mathrm{T}}$ 为 n 维行向量组时，把每个向量转置后作成 $n\times m$ 矩阵

$$\boldsymbol{A}=(\boldsymbol{a}_1\quad \boldsymbol{a}_2\quad \cdots\quad \boldsymbol{a}_m).$$

2. 将矩阵 $\boldsymbol{A}$ 通过若干次初等行变换，化为行阶梯形矩阵 $\boldsymbol{A}_1$，求出矩阵 $\boldsymbol{A}$ 的秩 $R(\boldsymbol{A})$，从而得到向量组的秩也为 $R(\boldsymbol{A})$．

3. 行阶梯形矩阵 $\boldsymbol{A}_1$ 的非零行的第一个非零元所在列，在矩阵 $\boldsymbol{A}$ 中的对应列向量构成向量组 $\boldsymbol{A}$ 的一个最大无关组．

例 4 求向量组

$$(\mathrm{A}):\quad \boldsymbol{a}_1=\begin{pmatrix}3\\1\\0\\2\end{pmatrix},\boldsymbol{a}_2=\begin{pmatrix}1\\-1\\2\\-1\end{pmatrix},\boldsymbol{a}_3=\begin{pmatrix}1\\3\\-4\\4\end{pmatrix},\boldsymbol{a}_4=\begin{pmatrix}4\\0\\2\\1\end{pmatrix},\boldsymbol{a}_5=\begin{pmatrix}2\\2\\-2\\3\end{pmatrix}$$

的一个最大无关组．

解 (1)写出向量组(A)对应的 4×5 阶矩阵 $\boldsymbol{A}$，

$$\boldsymbol{A}=(\boldsymbol{a}_1\quad \boldsymbol{a}_2\quad \boldsymbol{a}_3\quad \boldsymbol{a}_4\quad \boldsymbol{a}_5).$$

(2)对矩阵 $\boldsymbol{A}$ 施行初等行变换，

$$\boldsymbol{A}=\begin{pmatrix}3 & 1 & 1 & 4 & 2\\ 1 & -1 & 3 & 0 & 2\\ 0 & 2 & -4 & 2 & -2\\ 2 & -1 & 4 & 1 & 3\end{pmatrix}\overset{r_1\leftrightarrow r_2}{\sim}\begin{pmatrix}1 & -1 & 3 & 0 & 2\\ 3 & 1 & 1 & 4 & 2\\ 0 & 2 & -4 & 2 & -2\\ 2 & -1 & 4 & 1 & 3\end{pmatrix}$$

$$\underset{r_4-2r_1}{\overset{r_2-3r_1}{\sim}}\begin{pmatrix}1 & -1 & 3 & 0 & 2\\ 0 & 4 & -8 & 4 & -4\\ 0 & 2 & -4 & 2 & -2\\ 0 & 1 & -2 & 1 & -1\end{pmatrix}\overset{r_2\leftrightarrow r_4}{\sim}\begin{pmatrix}1 & -1 & 3 & 0 & 2\\ 0 & 1 & -2 & 1 & -1\\ 0 & 2 & -4 & 2 & -2\\ 0 & 4 & -8 & 4 & -4\end{pmatrix}$$

$$\overset{r_3-2r_2}{\underset{r_4-4r_2}{\sim}}\begin{pmatrix}1&-1&3&0&2\\0&1&-2&1&-1\\0&0&0&0&0\\0&0&0&0&0\end{pmatrix}=\boldsymbol{A}_1,$$

所以 $R(\mathbf{A})=2$，故向量组(A)的秩是 2.

(3)行阶梯形矩阵 $\mathbf{A}_1$ 的非零行为第一、二行，第一行的首非零元在第一列，第二行的首非零元在第二列，在矩阵 $\mathbf{A}$ 中的对应列向量

$$\boldsymbol{a}_1=\begin{pmatrix}3\\1\\0\\2\end{pmatrix},\boldsymbol{a}_2=\begin{pmatrix}1\\-1\\2\\-1\end{pmatrix}$$

构成向量组(A)的一个最大无关组.

例 5　求向量组

$$(A):\quad\begin{aligned}\boldsymbol{a}_1^{\mathrm{T}}&=(1,2,3,-1),\\\boldsymbol{a}_2^{\mathrm{T}}&=(3,2,1,-1),\\\boldsymbol{a}_3^{\mathrm{T}}&=(4,4,4,-2),\\\boldsymbol{a}_4^{\mathrm{T}}&=(2,0,-2,0),\\\boldsymbol{a}_5^{\mathrm{T}}&=(2,3,1,1)\end{aligned}$$

的秩及它的一个最大无关组.

解　依次以各向量为列作 4×5 阶矩阵 $\mathbf{A}$，并对 $\mathbf{A}$ 施行初等行变换，即

$$\boldsymbol{A}=\begin{pmatrix}1&3&4&2&2\\2&2&4&0&3\\3&1&4&-2&1\\-1&-1&-2&0&1\end{pmatrix}\overset{\substack{r_2+(-2)r_1\\r_3+(-3)r_1}}{\underset{r_4+r_1}{\sim}}\begin{pmatrix}1&3&4&2&2\\0&-4&-4&-4&-1\\0&-8&-8&-8&-5\\0&2&2&2&3\end{pmatrix}$$

$$\overset{r_2\leftrightarrow r_4}{\sim}\begin{pmatrix}1&3&4&2&2\\0&2&2&2&3\\0&-8&-8&-8&-5\\0&-4&-4&-4&-1\end{pmatrix}\overset{r_3+4r_2}{\underset{r_4+2r_2}{\sim}}\begin{pmatrix}1&3&4&2&2\\0&2&2&2&3\\0&0&0&0&7\\0&0&0&0&5\end{pmatrix}$$

$$\overset{\frac{1}{7}r_3}{\sim}\begin{pmatrix}1&3&4&2&2\\0&2&2&2&3\\0&0&0&0&1\\0&0&0&0&5\end{pmatrix}\overset{r_4-5r_3}{\sim}\begin{pmatrix}1&3&4&2&2\\0&2&2&2&3\\0&0&0&0&1\\0&0&0&0&0\end{pmatrix}=\boldsymbol{A}_1,$$

所以 $R(\mathbf{A})=3$，即向量组(A)的秩是 3，因而最大无关组中有三个向量.

由于非零行为第一、二、三行，其首非零元所在的列数分别为第一、第二、第五列，于是矩阵 $\mathbf{A}$ 的第一、第二、第五列的向量 $\boldsymbol{a}_1,\boldsymbol{a}_2,\boldsymbol{a}_5$ 就是向量组 $\boldsymbol{a}_1,\boldsymbol{a}_2,\boldsymbol{a}_3,\boldsymbol{a}_4,\boldsymbol{a}_5$ 的一个最大无关组，从而，向量组(A)的一个最大无关组是 $\boldsymbol{a}_1^{\mathrm{T}},\boldsymbol{a}_2^{\mathrm{T}},\boldsymbol{a}_5^{\mathrm{T}}$.

习　题　三

1. 已知向量

$$a_1^T=(1,2,-1),$$
$$a_2^T=(2,5,-3),$$
$$a_3^T=(1,-3,4).$$

求：(1)$a_1^T-3a_2^T+2a_3^T$；(2)$2a_1^T-a_2^T+a_3^T$.

2. 已知向量

$$a_1^T=(1,2,-1,3),$$
$$a_2^T=(0,1,-1,2),$$
$$a_3^T=(-1,0,2,1)$$

满足

$$2(a_1^T-a^T)+3(a_2^T+a^T)-2(a_3^T-a^T)=0^T,$$

求 a.

3. 已知向量组

$$(A):\quad a_1=\begin{pmatrix}1\\0\\0\end{pmatrix},a_2=\begin{pmatrix}0\\1\\0\end{pmatrix},a_3=\begin{pmatrix}0\\0\\1\end{pmatrix}$$

和向量

$$\beta=\begin{pmatrix}2\\1\\-1\end{pmatrix},$$

判定 β 是否能被向量组(A)线性表示.

4. 已知向量组

$$(B):\quad a_1=\begin{pmatrix}1\\2\\3\end{pmatrix},a_2=\begin{pmatrix}2\\4\\6\end{pmatrix},$$

观察向量 a_1 与 a_2 的特点，判定 a_1 与 a_2 能否相互线性表示.

5. 已知向量组

$$(C):\quad e_1=\begin{pmatrix}1\\0\\0\end{pmatrix},e_2=\begin{pmatrix}0\\1\\0\end{pmatrix},e_3=\begin{pmatrix}0\\0\\1\end{pmatrix}.$$

(1)观察向量组(C)的特点，判定 e_1,e_2,e_3 两两之间能否相互线性表示；

(2)试判定在向量组(C)中，任意一个向量能否被剩余两个向量线性表示；

(3)若

$$\beta=\begin{pmatrix}2\\3\\4\end{pmatrix},$$

讨论 $\boldsymbol{\beta}$ 是否能被向量组(C)线性表示，任意一个三维向量

$$\boldsymbol{\gamma}=\begin{pmatrix}a\\b\\c\end{pmatrix}$$

是否能被向量组(C)线性表示．

6．设向量组(A)与(B)分别为

$$(A):\quad \boldsymbol{a}_1=\begin{pmatrix}2\\0\\0\end{pmatrix},\boldsymbol{a}_2=\begin{pmatrix}0\\3\\0\end{pmatrix};$$

$$(B):\quad \boldsymbol{e}_1=\begin{pmatrix}1\\0\\0\end{pmatrix},\boldsymbol{e}_2=\begin{pmatrix}0\\1\\0\end{pmatrix},\boldsymbol{e}_3=\begin{pmatrix}0\\0\\1\end{pmatrix}.$$

向量组(A)能由向量组(B)线性表示吗？向量组(B)能由向量组(A)线性表示吗？

7．设向量组(A)与(B)分别为

$$(A):\quad \boldsymbol{a}_1=\begin{pmatrix}1\\3\\1\end{pmatrix},\boldsymbol{a}_2=\begin{pmatrix}2\\7\\1\end{pmatrix},\boldsymbol{a}_3=\begin{pmatrix}3\\5\\2\end{pmatrix},\boldsymbol{a}_4=\begin{pmatrix}1\\4\\0\end{pmatrix};$$

$$(B):\quad \boldsymbol{e}_1=\begin{pmatrix}1\\0\\0\end{pmatrix},\boldsymbol{e}_2=\begin{pmatrix}0\\1\\0\end{pmatrix},\boldsymbol{e}_3=\begin{pmatrix}0\\0\\1\end{pmatrix}.$$

证明向量组(A)与(B)等价．

8．用定义判定向量组的线性相关性．

$$(A):\quad \boldsymbol{a}_1=\begin{pmatrix}2\\3\\1\end{pmatrix},\boldsymbol{a}_2=\begin{pmatrix}0\\1\\1\end{pmatrix},\boldsymbol{a}_3=\begin{pmatrix}0\\0\\2\end{pmatrix};$$

$$(B):\quad \begin{aligned}\boldsymbol{a}_1^{\mathrm T}&=(3,2,0),\\ \boldsymbol{a}_2^{\mathrm T}&=(1,2,1),\\ \boldsymbol{a}_3^{\mathrm T}&=(4,4,1);\end{aligned}$$

$$(C):\quad \begin{aligned}\boldsymbol{a}_1^{\mathrm T}&=(2,1,0),\\ \boldsymbol{a}_2^{\mathrm T}&=(-1,3,1),\\ \boldsymbol{a}_3^{\mathrm T}&=(1,4,2).\end{aligned}$$

9．向量组

$$(A):\quad \boldsymbol{\alpha}-\boldsymbol{\beta},\boldsymbol{\beta}-\boldsymbol{\gamma},\boldsymbol{\gamma}-\boldsymbol{\alpha}$$

是否线性相关？说明理由．

10．向量组

$$(A):\quad \begin{aligned}\boldsymbol{a}_1^{\mathrm T}&=(2,1,2,3,-2,7),\\ \boldsymbol{a}_2^{\mathrm T}&=(5,-1,2,8,-12,9),\\ \mathbf{0}^{\mathrm T}&=(0,0,0,0,0,0)\end{aligned}$$

是否线性相关？说明理由．

11. 已知

$$a_2=2a_1-3a_3,$$

向量组 a_1,a_2,a_3 是否线性相关？说明理由．

12. 已知

$$3a_1^{\mathrm{T}}-2a_2^{\mathrm{T}}+5a_3^{\mathrm{T}}=\mathbf{0}^{\mathrm{T}},$$

向量组 $a_1^{\mathrm{T}},a_2^{\mathrm{T}},a_3^{\mathrm{T}}$ 是否线性相关？说明理由．

13. 由第二节定理 2 说明向量组

$$(A):\quad a_1=\begin{pmatrix}2\\1\\7\\0\end{pmatrix},a_2=\begin{pmatrix}3\\0\\8\\1\end{pmatrix}$$

线性无关．

14. 由第二节定理 3 分别判断向量组

$$(A):\quad \begin{aligned}a_1^{\mathrm{T}}&=(1,1,0,0),\\a_2^{\mathrm{T}}&=(5,3,4,0),\\a_3^{\mathrm{T}}&=(7,2,4,3),\end{aligned}$$

$$(B):\quad a_1=\begin{pmatrix}1\\3\\4\\2\end{pmatrix},a_2=\begin{pmatrix}2\\-1\\0\\1\end{pmatrix},a_3=\begin{pmatrix}0\\2\\1\\0\end{pmatrix},a_4=\begin{pmatrix}3\\-1\\2\\4\end{pmatrix}$$

的线性相关性．

15. 求向量组(A)的一个最大无关组．

$$(A):\quad \begin{aligned}a_1^{\mathrm{T}}&=(2,1,1),\\a_2^{\mathrm{T}}&=(5,2,1).\end{aligned}$$

16. 求向量组的一个最大无关组．

$$(A):\quad \begin{aligned}a_1^{\mathrm{T}}&=(3,2,1),\\a_2^{\mathrm{T}}&=(0,1,2),\\a_3^{\mathrm{T}}&=(1,1,1);\end{aligned}$$

$$(B):\quad \begin{aligned}a_1^{\mathrm{T}}&=(1,2,1),\\a_2^{\mathrm{T}}&=(3,2,1),\\a_3^{\mathrm{T}}&=(2,0,0),\\a_4^{\mathrm{T}}&=(2,2,1).\end{aligned}$$

17. 求向量组

$$(A):\quad a_1=\begin{pmatrix}-1\\3\\3\\1\end{pmatrix},a_2=\begin{pmatrix}0\\1\\2\\0\end{pmatrix},a_3=\begin{pmatrix}-1\\2\\1\\1\end{pmatrix},a_4=\begin{pmatrix}1\\-2\\-3\\1\end{pmatrix},a_4=\begin{pmatrix}-2\\5\\4\\2\end{pmatrix}$$

的一个最大无关组．

数学小资料

向量的由来

向量的概念，从数学的角度看不过是有序数组．向量又称为矢量，最初被应用于物理学．很多物理量，如力、速度、位移以及电场强度、磁感应强度等都是向量．大约在公元前350年前，古希腊著名学者亚里士多德就知道了力可以表示成向量，两个力的组合作用可用著名的平行四边形法则来得到．“向量”一词来自力学、解析几何中的有向线段．最先使用有向线段表示向量的是英国大科学家牛顿．

以前讨论的向量是一种带几何性质的量，除零向量外，总可以画出箭头表示方向．但是在高等数学中还有更广泛的向量．例如，把所有实系数多项式的全体看成一个多项式空间，这里的多项式都可看成一个向量．在这种情况下，要找出起点和终点甚至画出箭头表示方向是办不到的．这种空间中的向量比几何中的向量要广泛得多，可以是任意数学对象或物理对象．这样，就可以指导线性代数方法应用到广阔的自然科学领域中去了．因此，向量空间的概念，已成了数学中最基本的概念和线性代数的中心内容，它的理论和方法在自然科学的各领域中得到了广泛的应用．而向量及其线性运算也为“向量空间”这一抽象的概念提供出了一个具体的模型．

从数学发展史来看，历史上很长一段时间，空间的向量结构并未被数学家们所认识，直到19世纪末20世纪初，人们才把空间的性质与向量运算联系起来，使向量成为具有一套优良运算通性的数学体系．

线性代数学科和矩阵理论是伴随着线性系统方程系数研究而引入和发展的．数学家试图研究向量代数，但在任意维数中并没有两个向量乘积的自然定义．第一个涉及一个不可交换向量积即(a,b,c)不等于(b,a,c)的向量代数是由 Hermann Grassmann 在1844年所著的《线性扩张论》(Die lineale Ausdehnungslehre)一书中提出的．他的观点还被引入一个列矩阵和一个行矩阵的乘积中，结果就是现在称之为秩数为1的矩阵，或简单矩阵．在19世纪末美国数学物理学家 Willard Gibbs 发表了关于《向量分析基础》(Elements of Vector Analysis)的著名论述．其后物理学家 P. A. M. Dirac 提出了行向量和列向量的乘积为标量．我们习惯的列矩阵和向量都是在20世纪由物理学家给出的．

第四章 线性方程组

【内容提要】本章首先介绍线性方程组的矩阵消元法，在此基础上介绍 n 元线性方程组的解向量、通解等概念，最后在线性方程组有解的情况下，讨论线性方程组解的结构．

【预备知识】线性方程组同解变形的方法，克莱姆法则．

【学习目标】

1．了解线性方程组的解向量、通解以及齐次线性方程组基础解系等概念；

2．理解齐次线性方程组有非零解及非齐次线性方程组有解的充分必要条件；

3．掌握用初等行变换求解线性方程组的方法．

第一节 线性方程组的解

一、线性方程组的表达式

为便于研究表述，我们将前面介绍的线性方程组的几种不同表达式再明确如下：

1．标准形式

$$\begin{cases} a_{11}x_1+a_{12}x_2+\cdots+a_{1n}x_n=b_1, \\ a_{21}x_1+a_{22}x_2+\cdots+a_{2n}x_n=b_2, \\ \cdots\cdots \\ a_{m1}x_1+a_{m2}x_2+\cdots+a_{mn}x_n=b_m. \end{cases} \tag{4-1}$$

2．矩阵形式

设

$$\boldsymbol{A}=\begin{pmatrix} a_{11} & a_{12} & \cdots & a_{1n} \\ a_{21} & a_{22} & \cdots & a_{2n} \\ \vdots & \vdots & & \vdots \\ a_{m1} & a_{m2} & \cdots & a_{mn} \end{pmatrix},\boldsymbol{X}=\begin{pmatrix} x_1 \\ x_2 \\ \vdots \\ x_n \end{pmatrix},\boldsymbol{b}=\begin{pmatrix} b_1 \\ b_2 \\ \vdots \\ b_m \end{pmatrix},$$

则

$$\boldsymbol{AX}=\boldsymbol{b}. \tag{4-2}$$

其中，$\boldsymbol{A}$ 称为线性方程组的系数矩阵，$\boldsymbol{X}$ 称为未知元矩阵．把 $\boldsymbol{B}=(\boldsymbol{A},\boldsymbol{b})$ 称为**增广矩阵**．

3．向量形式

在矩阵形式中，将未知矩阵 $\boldsymbol{X}$ 看成向量，并记为 $\boldsymbol{x}$，则线性方程组的向量形式为

$$\boldsymbol{Ax}=\boldsymbol{b}. \tag{4-3}$$

当 $\boldsymbol{b}=\boldsymbol{0}$ 时，称为**齐次线性方程组**，否则称为**非齐次线性方程组**．

在本章中，线性方程组的矩阵形式与向量形式将不加区分，解向量也不加区分地混用．

二、线性方程组的解

线性方程组(4 - 1)如果有解，称其为**相容**，否则称为**不相容**．

齐次线性方程组总是相容的，因为其至少有零解．

1．引　例

引例 1　求解线性方程或方程组．

$$(1)\ x_1+x_2=3;$$

$$(2)\ x_1+x_2+x_3=3;$$

$$(3)\ \begin{cases} x_1+x_2+x_3=3, \\ -x_1+x_2-x_3=1. \end{cases}$$

解　(1)线性方程含有两个未知元 x_1 与 x_2，它们相互制约，若选择一个未知元取确定的数值，则另一个未知元的值随之确定．

如取 $x_2=1$，得 $x_1=2$；

再如，取 $x_2=3$，得 $x_1=0$；

……

取 $x_2=c$，得 $x_1=-c+3$（c 为任意实数），

于是，该方程解的一般形式为

$$x_1=-c+3,$$

$$x_2=c,$$

其中 c 为任意实数．

(2)这是含有三个未知元的方程，x_1，x_2 及 x_3 三者相互制约，有了(1)的分析，我们自然想到首先选择两个未知元取值，然后得到第三个未知元的值．这三个未知元地位平等，即选择哪两个未知元先取值均可．如取

$$x_2=c_1,\ x_3=c_2,$$

得

$$x_1=-c_1-c_2+3,$$

其中 c_1，c_2 为任意实数．于是得方程(2)解的一般形式为

$$x_1=-c_1-c_2+3,$$

$$x_2=c_1,$$

$$x_3=c_2,$$

其中，c_1，c_2 为任意实数．

(3)这是含有三个未知元、两个方程的方程组，称为**不定方程组**．

有了前面的分析，进一步思考不难发现，我们可将一个未知元取值，然后得到二元线性方程组，再进一步求解．

不妨取 $x_3=c$，则 $x_1=-c+1$，$x_2=2$，其中 c_1，c_2 为任意实数．

于是得方程(3)解的一般形式为

$$x_1=-c+1,$$

$$x_2=2,$$

$$x_3=c,$$

其中，c 为任意实数．

【思考】

(1)方程组(3)的三个未知元地位平等吗？即我们可以任意选定其中一个未知元先取值吗？比如令 $x_2=c$ 可以吗？

(2)线性方程组

$$\begin{cases}x_1+x_2+x_3+x_4=3,\\2x_1-2x_2-x_3-x_4=1,\\x_1-3x_2-2x_3-2x_4=-2\end{cases}$$

如何求解？

引例 2 求解线性方程组

$$\begin{cases}x_1-2x_2+x_3=-2, & ①\\2x_1+x_2-3x_3=1, & ②\\-x_1+x_2-x_3=0. & ③\end{cases}$$

在第一章的第一节例 2 中，我们利用行列式得到了方程组的解

$$\begin{cases}x_1=1,\\x_2=2,\\x_3=1,\end{cases}$$

下面我们利用消元法解此方程组，并将线性方程组的增广矩阵的相应的初等行变换对照列于右旁进行比对．

我们知道，线性方程组同解变形有三种方式：

(1)互换两个方程；

(2)方程两端同乘以一个非零常数；

(3)方程两端同乘以一个非零常数加到另一个方程上去．

利用线性方程组同解变形的方法可得：

同解变形	同解方程组	初等行变换	行等价矩阵
	$\begin{cases}x_1-2x_2+x_3=-2,\\2x_1+x_2-3x_3=1,\\-x_1+x_2-x_3=0.\end{cases}$		$\begin{bmatrix}1&-2&1&-2\\2&1&-3&1\\-1&1&-1&0\end{bmatrix}$
$\xrightarrow[③+①]{②-2①}$	$\begin{cases}x_1-2x_2+x_3=-2,\\5x_2-5x_3=5,\\-x_2=-2.\end{cases}$	$\underset{r_3+r_1}{\overset{r_2-2r_1}{\sim}}$	$\begin{bmatrix}1&-2&1&-2\\0&5&-5&5\\0&-1&0&-2\end{bmatrix}$
$\xrightarrow{5③+②}$	$\begin{cases}x_1-2x_2+x_3=-2,\\5x_2-5x_3=5,\\-5x_3=-5.\end{cases}$	$\overset{5r_3+r_2}{\sim}$	$\begin{bmatrix}1&-2&1&-2\\0&5&-5&5\\0&0&-5&-5\end{bmatrix}$

$$\xrightarrow[-\frac{1}{5}③]{①+\frac{1}{5}③ \atop ②-③}\begin{cases}x_1-2x_2=-3,\\5x_2=10,\\x_3=1.\end{cases}\qquad \overset{r_1+\frac{1}{5}r_3 \atop r_2-r_3}{\underset{-\frac{1}{5}r_3}{\sim}}\begin{pmatrix}1&-2&0&-3\\0&5&0&10\\0&0&1&1\end{pmatrix}$$

$$\xrightarrow[\frac{1}{5}②]{①+\frac{2}{5}②}\begin{cases}x_1=1,\\x_2=2,\\x_3=1.\end{cases}\qquad \overset{r_1+\frac{2}{5}r_2}{\underset{\frac{1}{5}r_2}{\sim}}\begin{pmatrix}1&0&0&1\\0&1&0&2\\0&0&1&1\end{pmatrix}$$

比较可知,线性方程组同解变形的三种形式刚好与矩阵的初等行变换的三种形式相对应．于是,求解线性方程组,可将其增广矩阵化为行最简形,然后写出其对应的方程组,进而求出方程组的解．这种方法称为矩阵消元法或高斯消元法．

2. 矩阵消元法

例 1 将矩阵

$$\boldsymbol{B}=\begin{pmatrix}1&1&2&3&1\\0&1&1&-5&1\\1&2&3&-1&4\\2&3&5&2&5\end{pmatrix}$$

化为行最简形矩阵并求解方程组

$$\begin{cases}x_1+x_2+2x_3+3x_4=1,\\x_2+x_3-5x_4=1,\\x_1+2x_2+3x_3-x_4=4,\\2x_1+3x_2+5x_3+2x_4=5.\end{cases}$$

解 对矩阵 $\boldsymbol{B}$ 施行初等行变换,

$$\boldsymbol{B}\overset{r_3-r_1 \atop r_4-2r_1}{\sim}\begin{pmatrix}1&1&2&3&1\\0&1&1&-5&1\\0&1&1&-4&3\\0&1&1&-4&3\end{pmatrix}\overset{r_4-r_3}{\underset{r_3-r_2}{\sim}}\begin{pmatrix}1&1&2&3&1\\0&1&1&-5&1\\0&0&0&1&2\\0&0&0&0&0\end{pmatrix}$$

$$\overset{r_2+5r_3}{\underset{r_1-3r_3}{\sim}}\begin{pmatrix}1&1&2&0&-5\\0&1&1&0&11\\0&0&0&1&2\\0&0&0&0&0\end{pmatrix}\overset{r_1-r_2}{\sim}\begin{pmatrix}1&0&1&0&-16\\0&1&1&0&11\\0&0&0&1&2\\0&0&0&0&0\end{pmatrix}=\boldsymbol{B}_1.$$

矩阵 $\boldsymbol{B}$ 是所求线性方程组的增广矩阵,矩阵 $\boldsymbol{B}$ 与 $\boldsymbol{B}_1$ 是行等价矩阵,它们对应的非齐次线性方程组同解．$\boldsymbol{B}_1$ 对应的方程组为

$$\begin{cases}x_1+x_3=-16,\\x_2+x_3=11,\\x_4=2.\end{cases}$$

这是含有四个未知元、三个方程的线性方程组,观察发现,令 $x_3=c$,得

$$\begin{cases}x_1=-c-16,\\x_2=-c+11,\\x_3=c,\\x_4=2,\end{cases}$$

即

$$\begin{pmatrix}x_1\\x_2\\x_3\\x_4\end{pmatrix}=c\begin{pmatrix}-1\\-1\\1\\0\end{pmatrix}+\begin{pmatrix}-16\\11\\0\\2\end{pmatrix},$$

其中 c 为任意实数.

【思考】

(1)$R(\boldsymbol{A})=?$ $R(\boldsymbol{B})=?$

(2)你能否写出该非齐次线性方程组对应的齐次线性方程组的解?

例 2 用矩阵消元法求解线性方程组

$$\begin{cases}x_1+x_2-2x_3+x_4+3x_5=1,\\2x_1-x_2+2x_3+2x_4+6x_5=2,\\3x_1+2x_2-4x_3-3x_4-9x_5=3.\end{cases}$$

解 对增广矩阵 $\boldsymbol{B}$ 施行初等行变换,

$$\boldsymbol{B}=\begin{pmatrix}1&1&-2&1&3&1\\2&-1&2&2&6&2\\3&2&-4&-3&-9&3\end{pmatrix}\overset{r_2-2r_1}{\underset{r_3-3r_1}{\sim}}\begin{pmatrix}1&1&-2&1&3&1\\0&-3&6&0&0&0\\0&-1&2&-6&-18&0\end{pmatrix}$$

$$\overset{(-1)r_3\leftrightarrow r_2}{\sim}\begin{pmatrix}1&1&-2&1&3&1\\0&1&-2&6&18&0\\0&-3&6&0&0&0\end{pmatrix}\overset{r_1-r_2}{\underset{r_3+3r_2}{\sim}}\begin{pmatrix}1&0&0&-5&-15&1\\0&1&-2&6&18&0\\0&0&0&18&54&0\end{pmatrix}$$

$$\overset{r_3\div 18}{\sim}\begin{pmatrix}1&0&0&-5&-15&1\\0&1&-2&6&18&0\\0&0&0&1&3&0\end{pmatrix}\overset{r_1+5r_3}{\underset{r_2-6r_3}{\sim}}\begin{pmatrix}1&0&0&0&0&1\\0&1&-2&0&0&0\\0&0&0&1&3&0\end{pmatrix}=\boldsymbol{B}_1,$$

与矩阵 $\boldsymbol{B}_1$ 对应的线性方程组为

$$\begin{cases}x_1=1,\\x_2-2x_3=0,\\x_4+3x_5=0.\end{cases}$$

这是含有五个未知元、三个方程的线性方程组,观察发现,令 $x_3=c_1,x_5=c_2$,得

$$\begin{cases}x_1=1,\\x_2=2c_1,\\x_3=c_1,\\x_4=-3c_2,\\x_5=c_2,\end{cases}$$

即

$$\begin{pmatrix}x_1\\x_2\\x_3\\x_4\\x_5\end{pmatrix}=c_1\begin{pmatrix}0\\2\\1\\0\\0\end{pmatrix}+c_2\begin{pmatrix}0\\0\\0\\-3\\1\end{pmatrix}+\begin{pmatrix}1\\0\\0\\0\\0\end{pmatrix},$$

其中 c_1,c_2 为任意实数．

此例中，x_1 的取值是固定不变的．x_3,x_5 任意取值，移到等式右端，称为**自由未知量**，x_1，x_2，x_4 留在等式的左端，称为**保留未知量**．

【思考】

(1)令 $x_2=c_1,x_4=c_2$ 可以吗？

(2)令 $x_4=c_1,x_5=c_2$ 可以吗？

(3)$R(\boldsymbol{A})=$？$R(\boldsymbol{B})=$？

(4)自由未知量和保留未知量的选定有什么依据吗？

(5)试写出该方程组对应的齐次线性方程组的解．

例 3 求解线性方程组

$$\begin{cases}x_1-2x_2+x_3=-2,\\2x_1+x_2-3x_3=1,\\3x_1-x_2-2x_3=-12.\end{cases}$$

解 对增广矩阵 $\boldsymbol{B}$ 施行初等行变换．

$$\boldsymbol{B}=\begin{pmatrix}1&-2&1&-2\\2&1&-3&1\\3&-1&-2&-12\end{pmatrix}\overset{r_2-2r_1}{\underset{r_3-3r_1}{\sim}}\begin{pmatrix}1&-2&1&-2\\0&5&-5&5\\0&5&-5&-6\end{pmatrix}$$

$$\overset{r_3-r_2}{\sim}\begin{pmatrix}1&-2&1&-2\\0&5&-5&5\\0&0&0&-11\end{pmatrix}\overset{\substack{r_1-\frac{2}{11}r_3\\r_2+\frac{5}{11}r_3}}{\underset{-\frac{1}{11}r_3}{\sim}}\begin{pmatrix}1&-2&1&0\\0&5&-5&0\\0&0&0&1\end{pmatrix}$$

$$\overset{r_1+\frac{2}{5}r_2}{\underset{\frac{1}{5}r_2}{\sim}}\begin{pmatrix}1&0&-1&0\\0&1&-1&0\\0&0&0&1\end{pmatrix}=\boldsymbol{B}_1,$$

与行最简形矩阵 $\boldsymbol{B}_1$ 对应的线性方程组为

$$\begin{cases}x_1-x_3=0,\\x_2-x_3=0,\\0=1.\end{cases}$$

第三个方程矛盾，故线性方程组无解．这说明原方程组是矛盾方程组，只不过预先不能确定．

【思考】

(1)$R(\boldsymbol{A})=$？$R(\boldsymbol{B})=$？

(2)对应的齐次线性方程组有解吗？

3. 相容性判定

对比分析前边的几个例子可知，线性方程组解的情况与 $R(\boldsymbol{A})$，$R(\boldsymbol{B})$ 直接相关.

定理1 线性方程组 $\boldsymbol{A}_{mn}\boldsymbol{x}=\boldsymbol{b}$

(1)无解的充分必要条件是 $R(\boldsymbol{A})<R(\boldsymbol{B})$；

(2)有唯一解的充分必要条件是 $R(\boldsymbol{A})=R(\boldsymbol{B})=n$；

(3)有无限多解的充分必要条件是 $R(\boldsymbol{A})=R(\boldsymbol{B})<n$.

证 充分性.

设 $R(\boldsymbol{A})=r$，为叙述方便，不妨设增广矩阵的行最简形矩阵为

$$\boldsymbol{B}\overset{r}{\sim}\boldsymbol{B}_1=\begin{bmatrix} 1 & 0 & \cdots & 0 & b_{11} & \cdots & b_{1,n-r} & d_1 \\ 0 & 1 & \cdots & 0 & b_{21} & \cdots & b_{2,n-r} & d_2 \\ \vdots & \vdots & & \vdots & \vdots & & \vdots & \vdots \\ 0 & 0 & \cdots & 1 & b_{r1} & \cdots & b_{r,n-r} & d_r \\ 0 & 0 & \cdots & 0 & 0 & \cdots & 0 & d_{r+1} \\ 0 & 0 & \cdots & 0 & 0 & \cdots & 0 & 0 \\ \vdots & \vdots & & \vdots & \vdots & & \vdots & \vdots \\ 0 & 0 & \cdots & 0 & 0 & \cdots & 0 & 0 \end{bmatrix}.$$

(1)若 $R(\boldsymbol{A})<R(\boldsymbol{B})$，则 $d_{r+1}=1$，于是，$\boldsymbol{B}_1$ 的第 $(r+1)$ 行对应矛盾方程

$$0=1,$$

故线性方程组 $\boldsymbol{A}_{mn}\boldsymbol{x}=\boldsymbol{b}$ 无解.

(2)若 $R(\boldsymbol{A})=R(\boldsymbol{B})=r=n$，则 $n-r=0$，此时

$$b_{ij}\,(i=1,2,\cdots,r;j=1,2,\cdots,n-r)$$

不出现.

①当 $m=n$ 时，d_{r+1} 不出现；

②当 $m>n$ 时，$d_{r+1}=0$；

③$m<n$ 不存在，否则 $R(\boldsymbol{A})<n$.

于是，$\boldsymbol{B}_1$ 对应方程组

$$\begin{cases} x_1=d_1, \\ x_2=d_2, \\ \cdots \\ x_n=d_n, \end{cases}$$

故线性方程组 $\boldsymbol{A}_{mn}\boldsymbol{x}=\boldsymbol{b}$ 有唯一解.

(3)若 $R(\boldsymbol{A})=R(\boldsymbol{B})<n$，则 d_{r+1} 不出现(或 $d_{r+1}=0$).

于是，$\boldsymbol{B}_1$ 对应方程组

$$\begin{cases} x_1+b_{11}x_{r+1}+\cdots+b_{1,n-r}x_n=d_1, \\ x_2+b_{21}x_{r+1}+\cdots+b_{2,n-r}x_n=d_2, \\ \cdots\cdots \\ x_r+b_{r1}x_{r+1}+\cdots+b_{r,n-r}x_n=d_r. \end{cases}$$

选取 $x_1,x_2,\cdots,x_r$ 为保留未知量，$x_{r+1},x_{r+2},\cdots,x_n$ 为自由未知量，将含有自由未知量的各项移到方程右端，得

$$\begin{cases} x_1 = -b_{11}x_{r+1} - \cdots - b_{1,n-r}x_n + d_1, \\ x_2 = -b_{21}x_{r+1} - \cdots - b_{2,n-r}x_n + d_2, \\ \cdots\cdots \\ x_r = -b_{r1}x_{r+1} - \cdots - b_{r,n-r}x_n + d_r. \end{cases}$$

令 $x_{r+1}=c_1, x_{r+2}=c_2, \cdots, x_n=c_{n-r}$，于是

$$\begin{cases} x_1 = -b_{11}c_1 - \cdots - b_{1,n-r}c_{n-r} + d_1, \\ x_2 = -b_{21}c_1 - \cdots - b_{2,n-r}c_{n-r} + d_2, \\ \cdots\cdots \\ x_r = -b_{r1}c_1 - \cdots - b_{r,n-r}c_{n-r} + d_r, \\ x_{r+1} = c_1, \\ \cdots\cdots \\ x_n = c_{n-r}, \end{cases}$$

或

$$\begin{pmatrix} x_1 \\ x_2 \\ \vdots \\ x_r \\ x_{r+1} \\ \vdots \\ x_n \end{pmatrix} = c_1\begin{pmatrix} -b_{11} \\ -b_{21} \\ \vdots \\ -b_{r1} \\ 1 \\ \vdots \\ 0 \end{pmatrix} + \cdots + c_{n-r}\begin{pmatrix} -b_{1,n-r} \\ -b_{2,n-r} \\ \vdots \\ -b_{r,n-r} \\ 0 \\ \vdots \\ 1 \end{pmatrix} + \begin{pmatrix} d_1 \\ d_2 \\ \vdots \\ d_r \\ 0 \\ \vdots \\ 0 \end{pmatrix},$$

即

$$\boldsymbol{x} = c_1\boldsymbol{\xi}_1 + \cdots + c_{n-r}\boldsymbol{\xi}_{n-r} + \boldsymbol{\eta},$$

其中

$$\boldsymbol{\xi}_1 = \begin{pmatrix} -b_{11} \\ -b_{21} \\ \vdots \\ -b_{r1} \\ 1 \\ \vdots \\ 0 \end{pmatrix}, \cdots, \boldsymbol{\xi}_{n-r} = \begin{pmatrix} -b_{1,n-r} \\ -b_{2,n-r} \\ \vdots \\ -b_{r,n-r} \\ 0 \\ \vdots \\ 1 \end{pmatrix}, \boldsymbol{\eta} = \begin{pmatrix} d_1 \\ d_2 \\ \vdots \\ d_r \\ 0 \\ \vdots \\ 0 \end{pmatrix}.$$

由于 $c_1, c_2, \cdots, c_{n-r}$ 可取任意实数，故线性方程组 $\boldsymbol{A}_{mn}\boldsymbol{x}=\boldsymbol{b}$ 有无限多个解．

必要性．

(1)可由(2)的充分性的逆否命题得证．

(2)可由(3)的充分性的逆否命题得证．

(3)可由(1)的充分性的逆否命题得证．

当 $R(\boldsymbol{A})=R(\boldsymbol{B})<n$ 时，称

$$\boldsymbol{x} = c_1\boldsymbol{\xi}_1 + \cdots + c_{n-r}\boldsymbol{\xi}_{n-r} + \boldsymbol{\eta}$$

为线性方程组 $\boldsymbol{A}_{mn}\boldsymbol{x}=\boldsymbol{b}$ 的通解．

4. 矩阵消元法的解题步骤

定理 1 的证明过程给出了求解线性方程组的步骤,我们在例 1,例 2,例 3 中也是这样做的. 归纳总结如下:

(1)化增广矩阵 $\boldsymbol{B}$ 为行阶梯形矩阵,得到 $R(\boldsymbol{A}),R(\boldsymbol{B})$,若 $R(\boldsymbol{A})<R(\boldsymbol{B})$,则线性方程组 $\boldsymbol{A}_{mn}\boldsymbol{x}=\boldsymbol{b}$ 无解;若 $R(\boldsymbol{A})=R(\boldsymbol{B})$,则进一步将增广矩阵 $\boldsymbol{B}$ 化为行最简形矩阵 $\boldsymbol{B}_1$.

(2)设 $R(\boldsymbol{A})=R(\boldsymbol{B})=r$,写出行最简形矩阵 $\boldsymbol{B}_1$ 对应的线性方程组.

(3)把行最简形矩阵 $\boldsymbol{B}_1$ 中 r 个非零行的首非零元所对应的未知元取做保留未知量,留在方程的左端,其余 $(n-r)$ 个未知元取做自由未知量,并令自由未知量 $x_{r+1},x_{r+2},\cdots,x_n$ 依次取值 $c_1,c_2,\cdots,c_{n-r}$,由 $\boldsymbol{B}_1$ 即可写出线性方程组 $\boldsymbol{A}_{mn}\boldsymbol{x}=\boldsymbol{b}$ 的通解

$$\boldsymbol{x}=c_1\boldsymbol{\xi}_1+\cdots+c_{n-r}\boldsymbol{\xi}_{n-r}+\boldsymbol{\eta}.$$

上述解题步骤对求解齐次线性方程组 $\boldsymbol{A}\boldsymbol{x}=\boldsymbol{0}$ 依然适用,即把系数矩阵 $\boldsymbol{A}$ 化为行阶梯形,进而化为行最简形矩阵 $\boldsymbol{A}_1$. 当 $R(\boldsymbol{A})=n$ 时,$\boldsymbol{A}\boldsymbol{x}=\boldsymbol{0}$ 有唯一零解;当 $R(\boldsymbol{A})=r<n$ 时有无限多个解.

例 4 求非齐次线性方程组

$$\begin{cases}x_1-2x_2+x_3+2x_4+x_5=1,\\2x_1-4x_2-3x_3-x_4+x_5=3,\\3x_1-6x_2-2x_3+x_4+2x_5=4\end{cases}$$

的通解.

解 (1)对增广矩阵 $\boldsymbol{B}$ 施行初等行变换,

$$\boldsymbol{B}=\begin{pmatrix}1&-2&1&2&1&1\\2&-4&-3&-1&1&3\\3&-6&-2&1&2&4\end{pmatrix}\overset{\substack{r_2-2r_1\\r_3-3r_1}}{\sim}\begin{pmatrix}1&-2&1&2&1&1\\0&0&-5&-5&-1&1\\0&0&-5&-5&-1&1\end{pmatrix}$$

$$\overset{\substack{r_3-r_2\\r_1+\frac{1}{5}r_2\\-\frac{1}{5}r_2}}{\sim}\begin{pmatrix}1&-2&0&1&\frac{4}{5}&\frac{6}{5}\\0&0&1&1&\frac{1}{5}&-\frac{1}{5}\\0&0&0&0&0&0\end{pmatrix}=\boldsymbol{B}_1.$$

因为 $R(\boldsymbol{A})=R(\boldsymbol{B})=2<5$,所以方程组有无限多个解.

$\boldsymbol{B}_1$ 的第一行和第二行为非零行,非零行的首非零元对应的未知量分别为 x_1,x_3,选为保留未知量,其余三个未知量为自由未知量.

(2)写出行最简形矩阵 $\boldsymbol{B}_1$ 对应的非齐次线性方程组

$$\begin{cases}x_1-2x_2+x_4+\frac{4}{5}x_5=\frac{6}{5},\\x_3+x_4+\frac{1}{5}x_5=-\frac{1}{5}.\end{cases}$$

(3)令 $x_2=c_1,x_4=c_2,x_5=c_3$,得

$$\begin{cases} x_1=2c_1-c_2-\frac{4}{5}c_3+\frac{6}{5}, \\ x_2=c_1, \\ x_3=-c_2-\frac{1}{5}c_3-\frac{1}{5}, \\ x_4=c_2, \\ x_5=c_3, \end{cases}$$

即

$$\begin{pmatrix} x_1 \\ x_2 \\ x_3 \\ x_4 \\ x_5 \end{pmatrix}=c_1\begin{pmatrix} 2 \\ 1 \\ 0 \\ 0 \\ 0 \end{pmatrix}+c_2\begin{pmatrix} -1 \\ 0 \\ -1 \\ 1 \\ 0 \end{pmatrix}+c_3\begin{pmatrix} -\frac{4}{5} \\ 0 \\ -\frac{1}{5} \\ 0 \\ 1 \end{pmatrix}+\begin{pmatrix} \frac{6}{5} \\ 0 \\ -\frac{1}{5} \\ 0 \\ 0 \end{pmatrix}.$$

设

$$\boldsymbol{x}=\begin{pmatrix} x_1 \\ x_2 \\ x_3 \\ x_4 \\ x_5 \end{pmatrix},\boldsymbol{\xi}_1=\begin{pmatrix} 2 \\ 1 \\ 0 \\ 0 \\ 0 \end{pmatrix},\boldsymbol{\xi}_2=\begin{pmatrix} -1 \\ 0 \\ -1 \\ 1 \\ 0 \end{pmatrix},\boldsymbol{\xi}_3=\begin{pmatrix} -\frac{4}{5} \\ 0 \\ -\frac{1}{5} \\ 0 \\ 1 \end{pmatrix},\boldsymbol{\eta}=\begin{pmatrix} \frac{6}{5} \\ 0 \\ 1\frac{1}{5} \\ 0 \\ 0 \end{pmatrix},$$

于是

$$\boldsymbol{x}=c_1\boldsymbol{\xi}_1+c_2\boldsymbol{\xi}_2+c_3\boldsymbol{\xi}_3+\boldsymbol{\eta}$$

为线性方程组的通解，其中 c_1,c_2,c_3 为任意实数．

【思考】

(1) $\boldsymbol{\eta}$ 是例 4 中非齐次线性方程组的一个解吗？

(2)由例 4 可知，齐次线性方程组

$$\begin{cases} x_1-2x_2+x_3+2x_4+x_5=0, \\ 2x_1-4x_2-3x_3-x_4+x_5=0, \\ 3x_1-6x_2-2x_3+x_4+2x_5=0 \end{cases}$$

的通解为

$$\boldsymbol{x}=c_1\boldsymbol{\xi}_1+c_2\boldsymbol{\xi}_2+c_3\boldsymbol{\xi}_3.$$

即在非齐次线性方程组的通解中，去掉 $\boldsymbol{\eta}$ 即为对应齐次线性方程组的通解．

反之，非齐次线性方程组的一个解与对应的齐次线性方程组的通解之和是否为该非齐次线性方程组的通解呢？

第二节　线性方程组解的结构

上一节我们介绍了线性方程组有解的判定及解法，本节研究线性方程组解的结构．

一、齐次线性方程组解的结构

1. 解向量的性质

设齐次线性方程组

$$\begin{cases} a_{11}x_1+a_{12}x_2+\cdots+a_{1n}x_n=0, \\ a_{21}x_1+a_{22}x_2+\cdots+a_{2n}x_n=0, \\ \cdots\cdots \\ a_{m1}x_1+a_{m2}x_2+\cdots+a_{mn}x_n=0 \end{cases}$$

的一个解为

$$\begin{cases} x_1=\xi_1, \\ x_2=\xi_2, \\ \cdots \\ x_n=\xi_n, \end{cases}$$

称

$$\begin{pmatrix} x_1 \\ x_2 \\ \vdots \\ x_n \end{pmatrix}=\begin{pmatrix} \xi_1 \\ \xi_2 \\ \vdots \\ \xi_n \end{pmatrix}$$

为该齐次线性方程组的一个**解向量**，或称为向量方程 $\boldsymbol{Ax}=\boldsymbol{0}$ 的一个解．

齐次线性方程组的解向量具有如下两条性质：

性质 1　若 $\boldsymbol{\xi}_1,\boldsymbol{\xi}_2$ 为 $\boldsymbol{Ax}=\boldsymbol{0}$ 的两个解，则 $\boldsymbol{\xi}_1+\boldsymbol{\xi}_2$ 也是 $\boldsymbol{Ax}=\boldsymbol{0}$ 的解．

证　因为 $\boldsymbol{\xi}_1,\boldsymbol{\xi}_2$ 为 $\boldsymbol{Ax}=\boldsymbol{0}$ 的两个解，所以

$$\boldsymbol{A\xi}_1=\boldsymbol{0},\boldsymbol{A\xi}_2=\boldsymbol{0},$$

于是

$$\boldsymbol{A}(\boldsymbol{\xi}_1+\boldsymbol{\xi}_2)=\boldsymbol{A\xi}_1+\boldsymbol{A\xi}_2=\boldsymbol{0},$$

即 $\boldsymbol{\xi}_1+\boldsymbol{\xi}_2$ 也是 $\boldsymbol{Ax}=\boldsymbol{0}$ 的解．

性质 2　若 $\boldsymbol{\xi}$ 为 $\boldsymbol{Ax}=\boldsymbol{0}$ 的解，c 为任意实数，则 $c\boldsymbol{\xi}$ 也是 $\boldsymbol{Ax}=\boldsymbol{0}$ 的解．

证　因为 $\boldsymbol{\xi}$ 为 $\boldsymbol{Ax}=\boldsymbol{0}$ 的解，所以 $\boldsymbol{A\xi}=\boldsymbol{0}$，于是

$$\boldsymbol{A}(c\boldsymbol{\xi})=c(\boldsymbol{A\xi})=\boldsymbol{0},$$

即 $c\boldsymbol{\xi}$ 也是 $\boldsymbol{Ax}=\boldsymbol{0}$ 的解．

由这两个性质可得：

若 $\boldsymbol{\xi}_1,\boldsymbol{\xi}_2,\cdots,\boldsymbol{\xi}_r$ 是 $\boldsymbol{Ax}=\boldsymbol{0}$ 的 r 个解，则它们的线性组合

$$c_1\boldsymbol{\xi}_1+c_2\boldsymbol{\xi}_2+\cdots+c_r\boldsymbol{\xi}_r$$

也是 $\boldsymbol{Ax}=\boldsymbol{0}$ 的解，其中，$c_1,c_2,\cdots,c_r$ 为任意实数．

2. 基础解系

我们把 $\boldsymbol{Ax}=\boldsymbol{0}$ 的全部解组成的集合记做 (T).

若能求得 $\boldsymbol{Ax}=\boldsymbol{0}$ 的解集 (T) 的一个最大无关组

$$(T_0):\boldsymbol{\xi}_1,\boldsymbol{\xi}_2,\cdots,\boldsymbol{\xi}_t,$$

则 $\boldsymbol{Ax}=\boldsymbol{0}$ 的任意解均可由 (T_0) 线性表示；

反之，$\boldsymbol{Ax}=\boldsymbol{0}$ 的解集 (T) 的一个最大无关组 (T_0) 的任意线性组合

$$\boldsymbol{x}=c_1\boldsymbol{\xi}_1+c_2\boldsymbol{\xi}_2+\cdots+c_t\boldsymbol{\xi}_t \tag{4-4}$$

都是 $\boldsymbol{Ax}=\boldsymbol{0}$ 的解．故(4 - 4)式是 $\boldsymbol{Ax}=\boldsymbol{0}$ 的通解．

定义 1 齐次线性方程组的解集的最大无关组称为该齐次线性方程组的**基础解系**．

根据定义 1，若 $\boldsymbol{Ax}=\boldsymbol{0}$ 只有零解，则 $\boldsymbol{Ax}=\boldsymbol{0}$ 不存在基础解系．

一般地，若 $\boldsymbol{Ax}=\boldsymbol{0}$ 有非零解，则解必有无限多个，在求通解时，只需求出基础解系即可．

事实上，$\boldsymbol{Ax}=\boldsymbol{0}$ 的基础解系通常不需要单独去求，如我们在第一节的例 4 中，非齐次线性方程组对应的齐次线性方程组的通解为

$$\boldsymbol{x}=c_1\boldsymbol{\xi}_1+c_2\boldsymbol{\xi}_2+c_3\boldsymbol{\xi}_3,$$

其中，$\boldsymbol{\xi}_1,\boldsymbol{\xi}_2,\boldsymbol{\xi}_3$ 就是齐次线性方程组

$$\begin{cases}x_1-2x_2+x_3+2x_4+x_5=0,\\2x_1-4x_2-3x_3-x_4+x_5=0,\\3x_1-6x_2-2x_3+x_4+2x_5=0\end{cases}$$

的一个基础解系．

换言之，齐次线性方程组的基础解系通常是在求通解时一并得到的．

以下我们作一般性分析．

3. 齐次线性方程组通解的结构

设 $\boldsymbol{Ax}=\boldsymbol{0}$，$R(\boldsymbol{A})=r<n$，不妨设 $\boldsymbol{A}$ 的前 r 个列向量线性无关．

对 $\boldsymbol{A}$ 施行初等行变换得行最简形 $\boldsymbol{A}_1$，

$$\boldsymbol{A}\overset{r}{\sim}\boldsymbol{A}_1=\begin{pmatrix}1&\cdots&0&b_{11}&\cdots&b_{1,n-r}\\\vdots&&\vdots&\vdots&&\vdots\\0&\cdots&1&b_{r1}&\cdots&b_{r,n-r}\\0&&&\cdots&&0\\\vdots&&&&&\vdots\\0&&&\cdots&&0\end{pmatrix},$$

与 $\boldsymbol{A}_1$ 对应的齐次线性方程组为

$$\begin{cases}x_1+\cdots+b_{11}x_{r+1}+\cdots+b_{1,n-r}x_n=0,\\\cdots\cdots\\x_r+b_{r1}x_{r+1}+\cdots+b_{r,n-r}x_n=0.\end{cases}$$

选取 $x_1,\cdots,x_r$ 为保留未知量，$x_{r+1},\cdots,x_n$ 为自由未知量，将含有自由未知量的各项移到方程右端，得

$$\begin{cases}x_1=-b_{11}x_{r+1}-\cdots-b_{1,n-r}x_n,\\\cdots\cdots\\x_r=-b_{r1}x_{r+1}-\cdots-b_{r,n-r}x_n.\end{cases}$$

令 $x_{r+1}=c_1,x_{r+2}=c_2,\cdots,x_n=c_{n-r}$，于是得 $\boldsymbol{Ax}=\boldsymbol{0}$ 的通解

$$\boldsymbol{x}=c_1\boldsymbol{\xi}_1+c_2\boldsymbol{\xi}_2+\cdots+c_{n-r}\boldsymbol{\xi}_{n-r},$$

其中

$$\boldsymbol{\xi}_1=\begin{pmatrix}-b_{11}\\ \vdots\\ -b_{r1}\\ 1\\ 0\\ \vdots\\ 0\end{pmatrix},\boldsymbol{\xi}_2=\begin{pmatrix}-b_{12}\\ \vdots\\ -b_{r2}\\ 0\\ 1\\ \vdots\\ 0\end{pmatrix},\cdots,\boldsymbol{\xi}_{n-r}=\begin{pmatrix}-b_{1,n-r}\\ -b_{2,n-r}\\ \vdots\\ -b_{r,n-r}\\ 0\\ \vdots\\ 1\end{pmatrix}.$$

(1)$\boldsymbol{\xi}_1,\boldsymbol{\xi}_2,\cdots,\boldsymbol{\xi}_{n-r}$ 均为 $\boldsymbol{Ax}=\boldsymbol{0}$ 的解，并且由第三章第二节的定理 2 可知，$\boldsymbol{\xi}_1,\boldsymbol{\xi}_2,\cdots,\boldsymbol{\xi}_{n-r}$ 线性无关；

(2)$\boldsymbol{Ax}=\boldsymbol{0}$ 的任意解都可由 $\boldsymbol{\xi}_1,\boldsymbol{\xi}_2,\cdots,\boldsymbol{\xi}_{n-r}$ 线性表示．

这说明 $\boldsymbol{\xi}_1,\boldsymbol{\xi}_2,\cdots,\boldsymbol{\xi}_{n-r}$ 是 $\boldsymbol{Ax}=\boldsymbol{0}$ 解集的最大无关组，即 $\boldsymbol{\xi}_1,\boldsymbol{\xi}_2,\cdots,\boldsymbol{\xi}_{n-r}$ 是 $\boldsymbol{Ax}=\boldsymbol{0}$ 的基础解系．

定理 1 设 $\boldsymbol{A}_{mn}\boldsymbol{x}=\boldsymbol{0}$ 的秩 $R(\boldsymbol{A})=r<n$，则 $\boldsymbol{A}_{mn}\boldsymbol{x}=\boldsymbol{0}$ 的基础解系存在，并且基础解系含有 $(n-r)$ 个解向量．

例 1 求齐次线性方程组

$$\begin{cases}x_1+2x_2+2x_3+x_4+x_5=0,\\ 2x_1+x_2-2x_3-2x_4+3x_5=0,\\ x_1-x_2-4x_3-3x_4+2x_5=0\end{cases}$$

的基础解系．

解　方法一

(1)化 $\boldsymbol{A}$ 为行最简形矩阵：

$$\boldsymbol{A}=\begin{pmatrix}1&2&2&1&1\\ 2&1&-2&-2&3\\ 1&-1&-4&-3&2\end{pmatrix}\overset{r_2-2r_1}{\underset{r_3-r_1}{\sim}}\begin{pmatrix}1&2&2&1&1\\ 0&-3&-6&-4&1\\ 0&-3&-6&-4&1\end{pmatrix}$$

$$\overset{\substack{r_3-r_2\\ r_1+\frac{2}{3}r_2}}{\underset{-\frac{1}{3}r_2}{\sim}}\begin{pmatrix}1&0&-2&-\frac{5}{3}&\frac{5}{3}\\ 0&1&2&\frac{4}{3}&-\frac{1}{3}\\ 0&0&0&0&0\end{pmatrix}=\boldsymbol{A}_1.$$

(2)由于 $R(\boldsymbol{A})=2<5$，故齐次线性方程组有非零解．基础解系含有三个解向量$(5-2=3)$．$\boldsymbol{A}_1$ 对应的齐次线性方程组为

$$\begin{cases}x_1-2x_3-\frac{5}{3}x_4+\frac{5}{3}x_5=0,\\ x_2+2x_3+\frac{4}{3}x_4-\frac{1}{3}x_5=0.\end{cases}\tag{4-5}$$

选取 x_1,x_2 为保留未知量，x_3,x_4,x_5 为自由未知量，将含有自由未知量的各项移到方程右端，得

$$\begin{cases} x_1=2x_3+\frac{5}{3}x_4-\frac{5}{3}x_5, \\ x_2=-2x_3-\frac{4}{3}x_4+\frac{1}{3}x_5. \end{cases}$$

令 $x_3=c_1, x_4=c_2, x_5=c_3$，得

$$\begin{cases} x_1=2c_1+\frac{5}{3}c_2-\frac{5}{3}c_3, \\ x_2=-2c_1-\frac{4}{3}c_2+\frac{1}{3}c_3, \\ x_3=c_1, \\ x_4=c_2, \\ x_5=c_3, \end{cases}$$

即

$$\begin{pmatrix} x_1 \\ x_2 \\ x_3 \\ x_4 \\ x_5 \end{pmatrix}=c_1\begin{pmatrix} 2 \\ -2 \\ 1 \\ 0 \\ 0 \end{pmatrix}+c_2\begin{pmatrix} \frac{5}{3} \\ -\frac{4}{3} \\ 0 \\ 1 \\ 0 \end{pmatrix}+c_3\begin{pmatrix} -\frac{5}{3} \\ \frac{1}{3} \\ 0 \\ 0 \\ 1 \end{pmatrix}.$$

于是得通解为

$$\boldsymbol{x}=c_1\boldsymbol{\xi}_1+c_2\boldsymbol{\xi}_2+c_3\boldsymbol{\xi}_3\ (c_1,c_2,c_3\text{ 为任意实数}),$$

其中，

$$\boldsymbol{\xi}_1=\begin{pmatrix} 2 \\ -2 \\ 1 \\ 0 \\ 0 \end{pmatrix},\boldsymbol{\xi}_2=\begin{pmatrix} \frac{5}{3} \\ -\frac{4}{3} \\ 0 \\ 1 \\ 0 \end{pmatrix},\boldsymbol{\xi}_3=\begin{pmatrix} -\frac{5}{3} \\ \frac{1}{3} \\ 0 \\ 0 \\ 1 \end{pmatrix}$$

为所求的一个基础解系.

方法二

在(4 - 5)式中，设

$$\begin{pmatrix} x_3 \\ x_4 \\ x_5 \end{pmatrix}=\begin{pmatrix} 1 \\ 0 \\ 0 \end{pmatrix},\begin{pmatrix} 0 \\ 1 \\ 0 \end{pmatrix},\begin{pmatrix} 0 \\ 0 \\ 1 \end{pmatrix},$$

得

$$\begin{pmatrix} x_1 \\ x_2 \end{pmatrix}=\begin{pmatrix} 2 \\ -2 \end{pmatrix},\begin{pmatrix} \frac{5}{3} \\ -\frac{4}{3} \end{pmatrix},\begin{pmatrix} -\frac{5}{3} \\ \frac{1}{3} \end{pmatrix},$$

由于

$$\begin{pmatrix}1\\0\\0\end{pmatrix},\begin{pmatrix}0\\1\\0\end{pmatrix},\begin{pmatrix}0\\0\\1\end{pmatrix}$$

线性无关，所以

$$\boldsymbol{\xi}_1=\begin{pmatrix}2\\-2\\1\\0\\0\end{pmatrix},\boldsymbol{\xi}_2=\begin{pmatrix}-\frac{5}{3}\\-\frac{4}{3}\\0\\1\\0\end{pmatrix},\boldsymbol{\xi}_3=\begin{pmatrix}-\frac{5}{3}\\\frac{1}{3}\\0\\0\\1\end{pmatrix}$$

线性无关，是所求的一个最大无关组.

例 2 当 λ 取何值时，齐次线性方程组

$$\begin{cases}(\lambda+3)x_1+x_2+2x_3=0,\\ \lambda x_1+(\lambda-1)x_2+x_3=0,\\ 3(\lambda+1)x_1+\lambda x_2+(\lambda+3)x_3=0\end{cases}$$

有非零解？并求其通解.

解 齐次线性方程组的系数行列式为

$$|\boldsymbol{A}|=\begin{vmatrix}\lambda+3 & 1 & 2\\ \lambda & \lambda-1 & 1\\ 3(\lambda+1) & \lambda & \lambda+3\end{vmatrix}=\lambda^2(\lambda-1),$$

若齐次线性方程组有非零解，则 $|\boldsymbol{A}|=0$，即 $\lambda=0$ 或 $\lambda=1$.

若 $\lambda=0$，则齐次线性方程组为

$$\begin{cases}3x_1+x_2+2x_3=0,\\ -x_2+x_3=0,\\ 3x_1+3x_3=0.\end{cases}$$

化系数矩阵为行最简形矩阵，

$$\boldsymbol{A}=\begin{pmatrix}3 & 1 & 2\\ 0 & -1 & 1\\ 3 & 0 & 3\end{pmatrix}\overset{r}{\sim}\begin{pmatrix}1 & 0 & 1\\ 0 & 1 & -1\\ 0 & 0 & 0\end{pmatrix}=\boldsymbol{A}_1.$$

令 $x_3=c$，于是

$$\begin{pmatrix}x_1\\x_2\\x_3\end{pmatrix}=c\begin{pmatrix}-1\\1\\1\end{pmatrix}$$

为所求通解，其中 c 为任意实数.

若 $\lambda=1$，则齐次线性方程组为

$$\begin{cases}4x_1+x_2+2x_3=0,\\ x_1+x_3=0,\\ 6x_1+x_2+4x_3=0.\end{cases}$$

化系数矩阵为行最简形矩阵，

$$A=\begin{pmatrix}4&1&2\\1&0&1\\6&1&4\end{pmatrix}\overset{r}{\sim}\begin{pmatrix}1&0&1\\0&1&-2\\0&0&0\end{pmatrix}=A_1,$$

令 $x_3=c$，于是

$$\begin{pmatrix}x_1\\x_2\\x_3\end{pmatrix}=c\begin{pmatrix}-1\\2\\1\end{pmatrix}$$

为所求通解，其中 c 为任意实数．

二、非齐次线性方程组解的结构

1. 解向量的性质

设有非齐次线性方程组

$$\begin{cases}a_{11}x_1+a_{12}x_2+\cdots+a_{1n}x_n=b_1,\\a_{21}x_1+a_{22}x_2+\cdots+a_{2n}x_n=b_2,\\\cdots\cdots\\a_{m1}x_1+a_{m2}x_2+\cdots+a_{mn}x_n=b_m.\end{cases}$$

向量形式为

$$\boldsymbol{Ax}=\boldsymbol{b}.$$

本节以下所述，我们总假定 $\boldsymbol{Ax}=\boldsymbol{0}$ 是 $\boldsymbol{Ax}=\boldsymbol{b}$ 对应的齐次线性方程组，不再反复强调．

性质 3　若 $\boldsymbol{x}=\boldsymbol{\eta}_1$ 及 $\boldsymbol{x}=\boldsymbol{\eta}_2$ 都是 $\boldsymbol{Ax}=\boldsymbol{b}$ 的解，则 $\boldsymbol{x}=\boldsymbol{\eta}_1-\boldsymbol{\eta}_2$ 为对应齐次线性方程组 $\boldsymbol{Ax}=\boldsymbol{0}$ 的解．

证　因为

$$\boldsymbol{A}(\boldsymbol{\eta}_1-\boldsymbol{\eta}_2)=\boldsymbol{A\eta}_1-\boldsymbol{A\eta}_2=\boldsymbol{b}-\boldsymbol{b}=\boldsymbol{0},$$

所以

$$\boldsymbol{x}=\boldsymbol{\eta}_1-\boldsymbol{\eta}_2$$

满足 $\boldsymbol{Ax}=\boldsymbol{0}$，即为 $\boldsymbol{Ax}=\boldsymbol{0}$ 的解．

性质 4　若 $\boldsymbol{x}=\boldsymbol{\eta}$ 是 $\boldsymbol{Ax}=\boldsymbol{b}$ 的解，$\boldsymbol{x}=\boldsymbol{\xi}$ 是 $\boldsymbol{Ax}=\boldsymbol{0}$ 的解，则 $\boldsymbol{x}=\boldsymbol{\xi}+\boldsymbol{\eta}$ 仍是 $\boldsymbol{Ax}=\boldsymbol{b}$ 的解．

证

$$\boldsymbol{A}(\boldsymbol{\xi}+\boldsymbol{\eta})=\boldsymbol{A\xi}+\boldsymbol{A\eta}=\boldsymbol{0}+\boldsymbol{b}=\boldsymbol{b},$$

即 $\boldsymbol{x}=\boldsymbol{\xi}+\boldsymbol{\eta}$ 满足 $\boldsymbol{Ax}=\boldsymbol{b}$.

2. 非齐次线性方程组解的结构

由性质 3 可知，若 $\boldsymbol{\eta}^*$ 是 $\boldsymbol{Ax}=\boldsymbol{b}$ 的一个解，$\boldsymbol{\xi}$ 是 $\boldsymbol{Ax}=\boldsymbol{0}$ 的解，则 $\boldsymbol{Ax}=\boldsymbol{b}$ 的任意一个解总可以表示为

$$\boldsymbol{x}=\boldsymbol{\xi}+\boldsymbol{\eta}^*.$$

又若 $\boldsymbol{Ax}=\boldsymbol{0}$ 的通解为

$$\boldsymbol{\xi}=c_1\boldsymbol{\xi}_1+c_2\boldsymbol{\xi}_2+\cdots+c_{n-r}\boldsymbol{\xi}_{n-r},$$

则 $\boldsymbol{Ax}=\boldsymbol{b}$ 的任意一个解总可以表示为

$$\boldsymbol{x}=c_1\boldsymbol{\xi}_1+c_2\boldsymbol{\xi}_2+\cdots+c_{n-r}\boldsymbol{\xi}_{n-r}+\boldsymbol{\eta}^*.$$

由性质 4 可知,对于任意实数 $c_1,c_2,\cdots,c_{n-r}$,上式总是 $\boldsymbol{Ax}=\boldsymbol{b}$ 的解,于是方程组 $\boldsymbol{Ax}=\boldsymbol{b}$ 的通解为

$$\boldsymbol{x}=c_1\boldsymbol{\xi}_1+c_2\boldsymbol{\xi}_2+\cdots+c_{n-r}\boldsymbol{\xi}_{n-r}+\boldsymbol{\eta}^*,$$

其中,$c_1,c_2,\cdots,c_{n-r}$ 为任意实数,$\boldsymbol{\xi}_1,\boldsymbol{\xi}_2,\cdots,\boldsymbol{\xi}_{n-r}$ 为 $\boldsymbol{Ax}=\boldsymbol{0}$ 的基础解系.

例 3 求非齐次线性方程组

$$\begin{cases}2x_1+x_2-2x_3+x_4+3x_5=1,\\x_1-2x_2+3x_3+2x_4+6x_5=2,\\3x_1-6x_2+9x_3+3x_4+12x_5=7\end{cases}$$

的通解.

解 (1)对增广矩阵 $\boldsymbol{B}$ 施行初等行变换.

$$\boldsymbol{B}=(\boldsymbol{A},\boldsymbol{b})=\begin{pmatrix}2&1&-2&1&3&1\\1&-2&3&2&6&2\\3&-6&9&3&12&7\end{pmatrix}$$

$$\overset{r_1\leftrightarrow r_2}{\sim}\begin{pmatrix}1&-2&3&2&6&2\\2&1&-2&1&3&1\\3&-6&9&3&12&7\end{pmatrix}$$

$$\underset{r_3-3r_1}{\overset{r_2-2r_1}{\sim}}\begin{pmatrix}1&1&-2&1&3&1\\0&5&-8&-3&-9&-3\\0&0&0&-3&-6&1\end{pmatrix}$$

$$\underset{r_1+\frac{1}{3}r_3}{\overset{r_2-r_3}{\sim}}\begin{pmatrix}1&1&-2&0&1&\frac{4}{3}\\0&5&-8&0&-3&-4\\0&0&0&-3&-6&1\end{pmatrix}$$

$$\underset{-\frac{1}{3}r_3}{\overset{\substack{r_1-\frac{1}{5}r_2\\ \frac{1}{5}r_2}}{\sim}}\begin{pmatrix}1&0&-\frac{2}{5}&0&\frac{8}{5}&\frac{32}{15}\\0&1&-\frac{8}{5}&0&-\frac{3}{5}&-\frac{4}{5}\\0&0&0&1&2&-\frac{1}{3}\end{pmatrix}=(\boldsymbol{A}_1,\boldsymbol{b}_1)=\boldsymbol{B}_1,$$

(2)由于 $R(\boldsymbol{A})=R(\boldsymbol{B})=3<5$,故非齐次线性方程组有解.$\boldsymbol{B}_1$ 对应的方程组为

$$\begin{cases}x_1-\frac{2}{5}x_3+\frac{8}{5}x_5=\frac{32}{15},\\x_2-\frac{8}{5}x_3-\frac{3}{5}x_5=-\frac{4}{5},\\x_4+2x_5=-\frac{1}{3}.\end{cases}$$

令 $x_3=0,x_5=0$,得 $x_1=\frac{32}{15},x_2=-\frac{4}{5},x_4=-\frac{1}{3}$,于是得方程组的一个解

$$\boldsymbol{\eta}^* = \begin{pmatrix} \frac{32}{15} \\ -\frac{4}{5} \\ 0 \\ -\frac{1}{3} \\ 0 \end{pmatrix}.$$

(3)$\boldsymbol{A}_1$ 对应的方程组为

$$\begin{cases} x_1 - \frac{2}{5}x_3 + \frac{8}{5}x_5 = 0, \\ x_2 - \frac{8}{5}x_3 - \frac{3}{5}x_5 = 0, \\ x_4 + 2x_5 = 0. \end{cases}$$

取

$$\begin{pmatrix} x_3 \\ x_5 \end{pmatrix} = \begin{pmatrix} 1 \\ 0 \end{pmatrix}, \begin{pmatrix} 0 \\ 1 \end{pmatrix},$$

得

$$\begin{pmatrix} x_1 \\ x_2 \\ x_4 \end{pmatrix} = \begin{pmatrix} \frac{2}{5} \\ \frac{8}{5} \\ 0 \end{pmatrix}, \begin{pmatrix} -\frac{8}{5} \\ \frac{3}{5} \\ -2 \end{pmatrix},$$

于是得对应的齐次线性方程组的基础解系

$$\boldsymbol{\xi}_1 = \begin{pmatrix} \frac{2}{5} \\ \frac{8}{5} \\ 1 \\ 0 \\ 0 \end{pmatrix}, \boldsymbol{\xi}_2 = \begin{pmatrix} -\frac{8}{5} \\ \frac{3}{5} \\ 0 \\ -2 \\ 1 \end{pmatrix}.$$

故所求通解为

$$\begin{pmatrix} x_1 \\ x_2 \\ x_3 \\ x_4 \\ x_5 \end{pmatrix} = c_1 \begin{pmatrix} \frac{2}{5} \\ \frac{8}{5} \\ 1 \\ 0 \\ 0 \end{pmatrix} + c_2 \begin{pmatrix} -\frac{8}{5} \\ \frac{3}{5} \\ 0 \\ -2 \\ 1 \end{pmatrix} + \begin{pmatrix} \frac{32}{15} \\ -\frac{4}{5} \\ 0 \\ -\frac{1}{3} \\ 0 \end{pmatrix},$$

其中 c_1, c_2 为任意实数.

【思考】本题是按照非齐次线性方程组通解的结构求解的，如果直接按前面介绍的矩阵消元法计算，结果相同吗？

例 4 参数 λ 取何值时，非齐次线性方程组

$$\begin{cases}(1+\lambda)x_1+x_2+x_3=0,\\x_1+(1+\lambda)x_2+x_3=3,\\x_1+x_2+(1+\lambda)x_3=\lambda\end{cases}$$

(1)有唯一解？

(2)无解？

(3)有无限多个解？并在有无限多个解时求出通解.

解 **方法一**

(1)因为

$$|\boldsymbol{A}|=\begin{vmatrix}1+\lambda & 1 & 1\\1 & 1+\lambda & 1\\1 & 1 & 1+\lambda\end{vmatrix}\xlongequal{r_1+r_2+r_3}\begin{vmatrix}(3+\lambda) & (3+\lambda) & (3+\lambda)\\1 & 1+\lambda & 1\\1 & 1 & 1+\lambda\end{vmatrix}$$

$$=(3+\lambda)\begin{vmatrix}1 & 1 & 1\\1 & 1+\lambda & 1\\1 & 1 & 1+\lambda\end{vmatrix}\xlongequal[r_3-r_1]{r_2-r_1}(3+\lambda)\begin{vmatrix}1 & 1 & 1\\0 & \lambda & 0\\0 & 0 & \lambda\end{vmatrix}=(3+\lambda)\lambda^2,$$

所以，当 $\lambda\neq0$ 且 $\lambda\neq-3$ 时，非齐次线性方程组有唯一解.

(2)当 $\lambda=0$ 时，非齐次线性方程组为

$$\begin{cases}x_1+x_2+x_3=0,\\x_1+x_2+x_3=3,\\x_1+x_2+x_3=0,\end{cases}$$

对增广矩阵 $\boldsymbol{B}$ 施行初等行变换，变为行阶梯形矩阵：

$$\boldsymbol{B}=\begin{pmatrix}1 & 1 & 1 & 0\\1 & 1 & 1 & 3\\1 & 1 & 1 & 0\end{pmatrix}\overset{r_2-r_1}{\underset{r_3-r_1}{\sim}}\begin{pmatrix}1 & 1 & 1 & 0\\0 & 0 & 0 & 3\\0 & 0 & 0 & 0\end{pmatrix}.$$

于是得 $R(\boldsymbol{A})=1, R(\boldsymbol{B})=2$.

因为 $R(\boldsymbol{A})\neq R(\boldsymbol{B})$，所以非齐次线性方程组无解.

(3)当 $\lambda=-3$ 时，非齐次线性方程组为

$$\begin{cases}-2x_1+x_2+x_3=0,\\x_1-2x_2+x_3=3,\\x_1+x_2-2x_3=-3.\end{cases}$$

因为 $\boldsymbol{B}$ 的行最简形为

$$\boldsymbol{B}=\begin{pmatrix}-2 & 1 & 1 & 0\\1 & -2 & 1 & 3\\1 & 1 & -2 & -3\end{pmatrix}\overset{r_1\leftrightarrow r_2}{\sim}\boldsymbol{B}=\begin{pmatrix}1 & -2 & 1 & 3\\-2 & 1 & 1 & 0\\1 & 1 & -2 & -3\end{pmatrix}$$

$$\overset{r_2+2r_1}{\underset{r_3-r_1}{\sim}}\begin{pmatrix}1 & -2 & 1 & 3\\0 & -3 & 3 & 6\\0 & 3 & -3 & -6\end{pmatrix}\overset{\substack{r_1-\frac{2}{3}r_2\\r_3+r_2}}{\underset{-\frac{1}{3}r_2}{\sim}}\begin{pmatrix}1 & 0 & -1 & -1\\0 & 1 & -1 & -2\\0 & 0 & 0 & 0\end{pmatrix}=\boldsymbol{B}_1,$$

所以 $R(\boldsymbol{A})=R(\boldsymbol{B})=2$，故非齐次线性方程组有无限多个解．

$\boldsymbol{B}_1$ 对应的非齐次线性方程组为

$$\begin{cases} x_1-x_3=-1, \\ x_2-x_3=-2. \end{cases}$$

令 $x_3=c$，得通解为

$$\begin{pmatrix} x_1 \\ x_2 \\ x_3 \end{pmatrix}=c\begin{pmatrix} 1 \\ 1 \\ 1 \end{pmatrix}+\begin{pmatrix} -1 \\ -2 \\ 0 \end{pmatrix},$$

其中 c 为任意实数．

方法二

将 $\boldsymbol{B}$ 化为行最简形矩阵：

$$\boldsymbol{B}=\begin{pmatrix} 1+\lambda & 1 & 1 & 0 \\ 1 & 1+\lambda & 1 & 3 \\ 1 & 1 & 1+\lambda & \lambda \end{pmatrix} \overset{r_1\leftrightarrow r_3}{\sim} \begin{pmatrix} 1 & 1 & 1+\lambda & \lambda \\ 1 & 1+\lambda & 1 & 3 \\ 1+\lambda & 1 & 1 & 0 \end{pmatrix}$$

$$\underset{r_3-(1+\lambda)r_1}{\overset{r_2-r_1}{\sim}} \begin{pmatrix} 1 & 1 & 1+\lambda & \lambda \\ 0 & \lambda & -\lambda & 3-\lambda \\ 0 & -\lambda & -\lambda(2+\lambda) & -\lambda(1+\lambda) \end{pmatrix}$$

$$\overset{r_3+r_2}{\sim} \begin{pmatrix} 1 & 1 & 1+\lambda & \lambda \\ 0 & \lambda & -\lambda & 3-\lambda \\ 0 & 0 & -\lambda(3+\lambda) & (1-\lambda)(3+\lambda) \end{pmatrix}.$$

(1) 当 $\lambda\neq 0$ 且 $\lambda\neq -3$ 时，$R(\boldsymbol{A})=R(\boldsymbol{B})=3$，非齐次线性方程组有唯一解；

(2) 当 $\lambda=0$ 时，方程组无解；

(3) 当 $\lambda=-3$ 时，$R(\boldsymbol{A})=R(\boldsymbol{B})=2$，方程组有无限多个解．

因为 $\boldsymbol{B}$ 的行最简形为

$$\boldsymbol{B}=\begin{pmatrix} -2 & 1 & 1 & 0 \\ 1 & -2 & 1 & 3 \\ 1 & 1 & -2 & -3 \end{pmatrix} \overset{r}{\sim} \begin{pmatrix} 1 & 0 & -1 & -1 \\ 0 & 1 & -1 & -2 \\ 0 & 0 & 0 & 0 \end{pmatrix}=\boldsymbol{B}_1,$$

$\boldsymbol{B}_1$ 对应的非齐次线性方程组为

$$\begin{cases} x_1-x_3=-1, \\ x_2-x_3=-2. \end{cases}$$

令 $x_3=c$，得通解为

$$\begin{pmatrix} x_1 \\ x_2 \\ x_3 \end{pmatrix}=c\begin{pmatrix} 1 \\ 1 \\ 1 \end{pmatrix}+\begin{pmatrix} -1 \\ -2 \\ 0 \end{pmatrix},$$

其中 c 为任意实数．

习　题　四

1. 求下列齐次线性方程组的通解：

(1) $\begin{cases} x_1+2x_2+2x_3+x_4=0, \\ 3x_1-6x_3-5x_4=0, \\ 2x_1+x_2-2x_3-2x_4=0; \end{cases}$

(2) $\begin{cases} 2x_1-5x_2+3x_3+2x_4=0, \\ x_1+x_2-x_3-x_4=0, \\ 5x_1-2x_2-x_4=0; \end{cases}$

(3) $\begin{cases} 2x_1+x_2+x_3-x_4=0, \\ x_1+x_2+2x_3-x_4=0, \\ 3x_1+2x_2+3x_3-2x_4=0; \end{cases}$

(4) $\begin{cases} x_1+2x_2+x_3-x_4=0, \\ 4x_1+8x_2-4x_4=0, \\ 3x_1+6x_2-x_3-3x_4=0; \end{cases}$

(5) $\begin{cases} x_1+7x_2-8x_3+9x_4=0, \\ 2x_1-3x_2+3x_3-2x_4=0, \\ 4x_1+11x_2-13x_3+16x_4=0, \\ 3x_1-13x_2+14x_3-13x_4=0, \\ 7x_1-2x_2+x_3+3x_4=0; \end{cases}$

(6) $\begin{cases} x_1-2x_2+x_3+2x_4=0, \\ 2x_1+x_2-3x_3-x_4=0, \\ 3x_1-x_2-2x_3+x_4=0. \end{cases}$

2. 求下列齐次线性方程组的一个基础解系：

(1) $\begin{cases} x_1+8x_2+6x_3-3x_4=0, \\ 2x_1-3x_2-2x_3+x_4=0, \\ 5x_1+2x_2+2x_3-x_4=0, \\ 3x_1+5x_2+4x_3-2x_4=0; \end{cases}$

(2) $\begin{cases} x_1-x_2-4x_3-3x_4=0, \\ 2x_1+x_2-2x_3-2x_4=0, \\ x_1+2x_2+2x_3+x_4=0; \end{cases}$

(3) $\begin{cases} x_1-3x_2+x_3+x_4=0, \\ x_1-3x_2+2x_3-x_4=0, \\ x_1-3x_2-x_3+5x_4=0, \\ 2x_1-6x_2+x_3+4x_4=0; \end{cases}$

(4) $\begin{cases} x_1+x_2+x_3+x_4+x_5=0, \\ x_1+2x_2-4x_5=0, \\ 3x_1+4x_2+2x_3+2x_4-2x_5=0, \\ 4x_1+5x_2+3x_3+3x_4-x_5=0. \end{cases}$

3. 求下列非齐次线性方程组的通解：

(1) $\begin{cases} x_1-5x_2+4x_3=9, \\ 4x_1+x_2-5x_3=-6, \\ 2x_1-4x_2+2x_3=6; \end{cases}$

(2) $\begin{cases} x_1+2x_2-x_3+2x_4=1, \\ 2x_1+4x_2+x_3+x_4=5, \\ -x_1-2x_2-2x_3+x_4=-4; \end{cases}$

(3) $\begin{cases} x_1-2x_2+4x_3=-5, \\ 5x_1+11x_2-x_3=17, \\ 2x_1+3x_2+x_3=4, \\ 4x_1-x_2+9x_3=-6; \end{cases}$

(4) $\begin{cases} x_1+4x_2-3x_3+5x_4=-2, \\ 5x_1-x_2-2x_4=5, \\ 2x_1+x_2-x_3+x_4=1. \end{cases}$

数学小资料

线性方程组

线性方程组的解法，早在中国古代的数学著作《九章算术方程》一书中已作了比较完整的论述．其中所述方法实质上相当于现代的对方程组的增广矩阵施行初等行变换从而消去未知量的方法，即高斯消元法．

在西方，对线性方程组的研究是在 17 世纪后期由莱布尼茨开创的．他曾研究含两个未知量的三个线性方程组成的方程组．麦克劳林在 18 世纪上半叶研究了具有二、三、四个未知量的线性方程组，得到了现在称为克莱姆法则的结果．克莱姆不久也发表了这个法则．18 世纪下半叶，法国数学家贝祖对线性方程组理论进行了一系列研究，证明了 n 元齐次线性方程组有非零解的条件是系数行列式等于零．

19 世纪，英国数学家史密斯（H. Smith）和道奇森（C－L. Dodgson）继续研究线性方程组理论，前者引进了方程组的增广矩阵和非增广矩阵的概念，后者证明了 n 个未知数 m 个方程的方程组相容的充要条件是系数矩阵和增广矩阵的秩相同．这正是现代方程组理论中的重要结果之一．

大量的科学技术问题最终往往归结为解线性方程组，因此在线性方程组的数值解法得到发展的同时，线性方程组解的结构等理论性工作也取得了令人满意的进展．

现在，线性方程组的数值解法在计算数学中占有重要地位．

第五章　二　次　型

【内容提要】二次型源于化二次曲线和二次曲面为标准型的问题．本章首先介绍方阵的特征值和特征向量，在此基础上介绍正交矩阵、二次型相似矩阵、矩阵的对角化．

【预备知识】向量组的线性相关性，齐次线性方程组的基础解系．

【学习目标】

1. 了解方阵的特征值与特征向量的概念，会求方阵的特征值与特征向量；
2. 了解正交矩阵和矩阵的相似关系，会利用矩阵的相似关系将矩阵对角化；
3. 会用正交变换法和配方法将二次型化为标准形；
4. 会判别二次型的正定性．

第一节　特征值与特征向量

方阵的特征值与特征向量是线性代数中的基本概念，它在理论研究和实际应用中都很重要．如方阵的对角化问题，工程技术中的振动问题和稳定性问题，常可归结为求一个方阵的特征值与特征向量的问题．

定义 1　设 $\boldsymbol{A}$ 为 n 阶方阵，若存在常数 λ 和 n 维非零向量 $\boldsymbol{x}$，使

$$\boldsymbol{A}\boldsymbol{x}=\lambda\boldsymbol{x}, \tag{5 - 1}$$

则称数 λ 为方阵 $\boldsymbol{A}$ 的**特征值**，非零向量 $\boldsymbol{x}$ 为方阵 $\boldsymbol{A}$ 对应于特征值 λ 的**特征向量**．

(5 - 1)式也可以写成

$$(\boldsymbol{A}-\lambda\boldsymbol{E})\boldsymbol{x}=\boldsymbol{0}. \tag{5 - 2}$$

这是 n 个未知数 n 个方程的齐次线性方程组，它有非零解的充分必要条件是系数行列式为零，即

$$|\boldsymbol{A}-\lambda\boldsymbol{E}|=0, \tag{5 - 3}$$

亦即

$$\begin{vmatrix} a_{11}-\lambda & a_{12} & \cdots & a_{1n} \\ a_{21} & a_{22}-\lambda & \cdots & a_{2n} \\ \vdots & \vdots & & \vdots \\ a_{n1} & a_{n2} & \cdots & a_{nn}-\lambda \end{vmatrix}=0.$$

方程(5 - 3)是以 λ 为未知数的一元 n 次方程，称为 $\boldsymbol{A}$ 的**特征方程**．其左端是 λ 的 n 次多项式，称为方阵 $\boldsymbol{A}$ 的**特征多项式**．

显然，方阵 $\boldsymbol{A}$ 的特征值就是特征方程的根．齐次线性方程组 $(\boldsymbol{A}-\lambda\boldsymbol{E})\boldsymbol{x}=\boldsymbol{0}$ 的非零解向量就是方阵 $\boldsymbol{A}$ 的对应于特征值 λ 的特征向量．

可以证明，特征值与特征向量具有下列性质：

(1)若 $\boldsymbol{p}$ 为 $\boldsymbol{A}$ 的对应于特征值 λ 的特征向量，则当 $k\neq 0$ 时，$k\boldsymbol{p}$ 也是 $\boldsymbol{A}$ 的对应于特征值 λ 的特征向量；

(2)若 $\boldsymbol{p}_1,\boldsymbol{p}_1$ 为 $\boldsymbol{A}$ 的对应于特征值的特征向量，则当 $\boldsymbol{p}_1+\boldsymbol{p}_2\neq\boldsymbol{0}$ 时，$\boldsymbol{p}_1+\boldsymbol{p}_2$ 也是 $\boldsymbol{A}$ 的对应于特征值 λ 的特征向量.

下面讨论如何求方阵 $\boldsymbol{A}$ 的特征值和特征向量.

例 1 求方阵

$$\boldsymbol{A}=\begin{pmatrix}3 & 1\\ 5 & -1\end{pmatrix}$$

的特征值和特征向量.

解 $\boldsymbol{A}$ 的特征多项式为

$$|\boldsymbol{A}-\lambda\boldsymbol{E}|=\begin{vmatrix}3-\lambda & 1\\ 5 & -1-\lambda\end{vmatrix}=(\lambda+2)(\lambda-4).$$

由

$$(\lambda+2)(\lambda-4)=0$$

解得 $\boldsymbol{A}$ 的特征值为 $\lambda_1=-2,\lambda_2=4$.

当 $\lambda_1=-2$ 时，齐次线性方程组

$$(\boldsymbol{A}+2\boldsymbol{E})\boldsymbol{x}=\boldsymbol{0}$$

为

$$\begin{pmatrix}5 & 1\\ 5 & 1\end{pmatrix}\begin{pmatrix}x_1\\ x_2\end{pmatrix}=\begin{pmatrix}0\\ 0\end{pmatrix},$$

由于

$$\begin{pmatrix}5 & 1\\ 5 & 1\end{pmatrix}\sim\begin{pmatrix}1 & \frac{1}{5}\\ 0 & 0\end{pmatrix},$$

所以

$$\begin{cases}x_1=-0.2x_2,\\ x_2=x_2,\end{cases}$$

于是基础解系为

$$\boldsymbol{p}_1=\begin{pmatrix}1\\ -5\end{pmatrix},$$

所以方阵 $\boldsymbol{A}$ 对应于 $\lambda_1=-2$ 的全部特征向量为 $k_1\boldsymbol{p}_1(k_1\neq 0)$.

当 $\lambda_2=4$ 时，齐次线性方程组

$$(\boldsymbol{A}-4\boldsymbol{E})\boldsymbol{x}=\boldsymbol{0}$$

为

$$\begin{pmatrix}-1 & 1\\ 5 & -5\end{pmatrix}\begin{pmatrix}x_1\\ x_2\end{pmatrix}=\begin{pmatrix}0\\ 0\end{pmatrix},$$

由于

$$\boldsymbol{A}-4\boldsymbol{E}=\begin{pmatrix}-1 & 1\\ 5 & -5\end{pmatrix}\sim\begin{pmatrix}1 & -1\\ 0 & 0\end{pmatrix},$$

所以

$$\begin{cases}x_1=x_2,\\x_2=x_2,\end{cases}$$

于是基础解系为

$$\boldsymbol{p}_2=\begin{pmatrix}1\\1\end{pmatrix},$$

所以方阵 $\boldsymbol{A}$ 对应于 $\lambda_2=4$ 的全部特征向量为 $k_2\boldsymbol{p}_2(k_2\neq0)$.

例 2 求方阵

$$\boldsymbol{A}=\begin{pmatrix}-1&1&0\\-4&3&0\\1&0&2\end{pmatrix}$$

的特征值和特征向量.

解 $\boldsymbol{A}$ 的特征多项式为

$$|\boldsymbol{A}-\lambda\boldsymbol{E}|=\begin{vmatrix}-1-\lambda&1&0\\-4&3-\lambda&0\\1&0&2-\lambda\end{vmatrix}=(\lambda-2)(\lambda-1)^2,$$

所以 $\boldsymbol{A}$ 的特征值为 $\lambda_1=2,\lambda_2=\lambda_3=1$.

当 $\lambda_1=2$ 时,齐次线性方程组

$$(\boldsymbol{A}-2\boldsymbol{E})\boldsymbol{x}=\boldsymbol{0}$$

为

$$\begin{pmatrix}-3&1&0\\-4&1&0\\1&0&0\end{pmatrix}\begin{pmatrix}x_1\\x_2\\x_3\end{pmatrix}=\begin{pmatrix}0\\0\\0\end{pmatrix},$$

由

$$\boldsymbol{A}-2\boldsymbol{E}=\begin{pmatrix}-3&1&0\\-4&1&0\\1&0&0\end{pmatrix}\sim\begin{pmatrix}1&0&0\\0&1&0\\0&0&0\end{pmatrix}$$

得

$$\begin{cases}x_1=0,\\x_2=0,\\x_3=x_3,\end{cases}$$

于是基础解系为

$$\boldsymbol{p}_1=\begin{pmatrix}0\\0\\1\end{pmatrix},$$

所以方阵 $\boldsymbol{A}$ 对应于 $\lambda_1=2$ 的全部特征向量为 $k_1\boldsymbol{p}_1(k_1\neq0)$.

当 $\lambda_2=\lambda_3=1$ 时,齐次线性方程组

$$(\boldsymbol{A}-\boldsymbol{E})\boldsymbol{x}=\boldsymbol{0}$$

为

$$\begin{pmatrix}-2&1&0\\-4&2&0\\1&0&1\end{pmatrix}\begin{pmatrix}x_1\\x_2\\x_3\end{pmatrix}=\begin{pmatrix}0\\0\\0\end{pmatrix},$$

由

$$\boldsymbol{A}-\boldsymbol{E}=\begin{pmatrix}-2&1&0\\-4&2&0\\1&0&1\end{pmatrix}\sim\begin{pmatrix}1&0&1\\0&1&2\\0&0&0\end{pmatrix}$$

得

$$\begin{cases}x_1=-x_3,\\x_2=-2x_3,\\x_3=x_3,\end{cases}$$

于是基础解系为

$$\boldsymbol{p}_2=\begin{pmatrix}-1\\-2\\1\end{pmatrix},$$

所以方阵 **A** 对应于 $\lambda_2=\lambda_3=1$ 的全部特征向量为 $k_2\boldsymbol{p}_2(k_2\neq 0)$.

例 3 求方阵

$$\boldsymbol{A}=\begin{pmatrix}-2&1&1\\0&2&0\\-4&1&3\end{pmatrix}$$

的特征值和特征向量.

解 **A** 的特征多项式为

$$|\boldsymbol{A}-\lambda\boldsymbol{E}|=\begin{vmatrix}-2-\lambda&1&1\\0&2-\lambda&0\\-4&1&3-\lambda\end{vmatrix}$$

$$=(2-\lambda)\begin{vmatrix}-2-\lambda&1\\-4&3-\lambda\end{vmatrix}$$

$$=-(\lambda+1)(\lambda-2)^2,$$

所以 **A** 的特征值为 $\lambda_1=-1,\lambda_2=\lambda_3=2$.

当 $\lambda_1=-1$ 时,齐次线性方程组

$$(\boldsymbol{A}+\boldsymbol{E})\boldsymbol{x}=\boldsymbol{0}$$

为

$$\begin{pmatrix}-1&1&1\\0&3&0\\-4&1&4\end{pmatrix}\begin{pmatrix}x_1\\x_2\\x_3\end{pmatrix}=\begin{pmatrix}0\\0\\0\end{pmatrix},$$

由

$$\boldsymbol{A}+\boldsymbol{E}=\begin{pmatrix}-1&1&1\\0&3&0\\-4&1&4\end{pmatrix}\sim\begin{pmatrix}1&0&-1\\0&1&0\\0&0&0\end{pmatrix}$$

得

$$\begin{cases} x_1 = x_3, \\ x_2 = 0, \\ x_3 = x_3, \end{cases}$$

于是基础解系为

$$\boldsymbol{p}_1 = \begin{pmatrix} 1 \\ 0 \\ 1 \end{pmatrix},$$

所以方阵 $\boldsymbol{A}$ 对应于 $\lambda_1 = -1$ 的全部特征向量为 $k_1 \boldsymbol{p}_1 (k_1 \neq 0)$.

当 $\lambda_2 = \lambda_3 = 2$ 时,齐次线性方程组

$$(\boldsymbol{A} - 2\boldsymbol{E})\boldsymbol{x} = \boldsymbol{0}$$

为

$$\begin{pmatrix} -4 & 1 & 1 \\ 0 & 0 & 0 \\ -4 & 1 & 1 \end{pmatrix} \begin{pmatrix} x_1 \\ x_2 \\ x_3 \end{pmatrix} = \begin{pmatrix} 0 \\ 0 \\ 0 \end{pmatrix},$$

由

$$\boldsymbol{A} - 2\boldsymbol{E} = \begin{pmatrix} -4 & 1 & 1 \\ 0 & 0 & 0 \\ -4 & 1 & 1 \end{pmatrix} \sim \begin{pmatrix} -4 & 1 & 1 \\ 0 & 0 & 0 \\ 0 & 0 & 0 \end{pmatrix}$$

得

$$\begin{cases} x_1 = \dfrac{1}{4}x_2 + \dfrac{1}{4}x_3, \\ x_2 = x_2, \\ x_3 = x_3, \end{cases}$$

于是基础解系为

$$\boldsymbol{p}_2 = \begin{pmatrix} 0 \\ -1 \\ 1 \end{pmatrix}, \boldsymbol{p}_3 = \begin{pmatrix} 1 \\ 0 \\ 4 \end{pmatrix},$$

所以方阵 $\boldsymbol{A}$ 对应于 $\lambda_2 = \lambda_3 = 2$ 的全部特征向量为 $k_2 \boldsymbol{p}_2 + k_3 \boldsymbol{p}_3$($k_2, k_3$ 不同时为零).

定理 1 n 阶方阵 $\boldsymbol{A}$ 与它的转置矩阵 $\boldsymbol{A}^{\mathrm{T}}$ 有相同的特征多项式,因而有相同的特征值.

证 因为

$$(\boldsymbol{A} - \lambda\boldsymbol{E})^{\mathrm{T}} = \boldsymbol{A}^{\mathrm{T}} - \lambda\boldsymbol{E},$$

所以

$$|\boldsymbol{A}^{\mathrm{T}} - \lambda\boldsymbol{E}| = |(\boldsymbol{A} - \lambda\boldsymbol{E})^{\mathrm{T}}| = |\boldsymbol{A} - \lambda\boldsymbol{E}|,$$

即 $\boldsymbol{A}$ 与 $\boldsymbol{A}^{\mathrm{T}}$ 有相同的特征多项式,因而有相同的特征值.

定理 2 方阵 $\boldsymbol{A}$ 的不同特征值对应的特征向量线性无关.

如例 1 中

$$\lambda_1 = -2, \boldsymbol{p}_1 = \begin{pmatrix} 1 \\ -5 \end{pmatrix}; \lambda_2 = 4, \boldsymbol{p}_2 = \begin{pmatrix} 1 \\ 1 \end{pmatrix}.$$

$\boldsymbol{p}_1$ 与 $\boldsymbol{p}_2$ 线性无关.

第二节　正交矩阵

矩阵的相似关系是矩阵之间的一种重要关系，利用矩阵的相似关系可以将矩阵对角化.

一、标准正交向量组

定义 1　设 n 维向量

$$\boldsymbol{\alpha}=\begin{pmatrix}a_1\\a_2\\\vdots\\a_n\end{pmatrix},\boldsymbol{\beta}=\begin{pmatrix}b_1\\b_2\\\vdots\\b_n\end{pmatrix},$$

称 $a_1b_1+a_2b_2+\cdots+a_nb_n$ 为 $\boldsymbol{\alpha}$ 和 $\boldsymbol{\beta}$ 的内积，记做 $(\boldsymbol{\alpha},\boldsymbol{\beta})$，即

$$(\boldsymbol{\alpha},\boldsymbol{\beta})=a_1b_1+a_2b_2+\cdots+a_nb_n$$

$$=(a_1,a_2,\cdots,a_n)\begin{pmatrix}b_1\\b_2\\\vdots\\b_n\end{pmatrix}=\boldsymbol{\alpha}^{\mathrm{T}}\boldsymbol{\beta}.$$

如

$$\boldsymbol{\alpha}=\begin{pmatrix}1\\2\\1\end{pmatrix},\boldsymbol{\beta}=\begin{pmatrix}0\\1\\3\end{pmatrix},$$

$$(\boldsymbol{\alpha},\boldsymbol{\beta})=1\times0+2\times1+1\times3=5.$$

向量内积的性质：

(1) $(\boldsymbol{\alpha},\boldsymbol{\beta})=(\boldsymbol{\beta},\boldsymbol{\alpha})$；

(2) $(k\boldsymbol{\alpha},\boldsymbol{\beta})=k(\boldsymbol{\alpha},\boldsymbol{\beta})$（$k$ 为常数）；

(3) $(\boldsymbol{\alpha}+\boldsymbol{\beta},\boldsymbol{\gamma})=(\boldsymbol{\alpha},\boldsymbol{\gamma})+(\boldsymbol{\beta},\boldsymbol{\gamma})$；

(4) $(\boldsymbol{\alpha},\boldsymbol{\alpha})\geqslant\mathbf{0}$，当且仅当 $\boldsymbol{\alpha}=\mathbf{0}$ 时取等号.

定义 2　令

$$\|\boldsymbol{\alpha}\|=\sqrt{(\boldsymbol{\alpha},\boldsymbol{\alpha})}=\sqrt{a_1^2+a_2^2+\cdots+a_n^2},$$

称 $\|\boldsymbol{\alpha}\|$ 为向量 $\boldsymbol{\alpha}$ 的长度.

当 $\|\boldsymbol{\alpha}\|=0$ 时向量 $\boldsymbol{\alpha}$ 的长度为零；当 $\|\boldsymbol{\alpha}\|=1$ 时，称 $\boldsymbol{\alpha}$ 为单位向量；当 $\boldsymbol{\alpha}\neq\mathbf{0}$ 时向量 $\dfrac{\boldsymbol{\alpha}}{\|\boldsymbol{\alpha}\|}$ 的长度必为 1. 求向量 $\dfrac{\boldsymbol{\alpha}}{\|\boldsymbol{\alpha}\|}$ 的过程，称为将向量 $\boldsymbol{\alpha}$ **单位化**. 如

$$\boldsymbol{\alpha}=\begin{pmatrix}1\\2\\-1\end{pmatrix},$$

$$\| \boldsymbol{\alpha} \| = \sqrt{1^2+2^2+(-1)^2}=\sqrt{6},$$

$$\frac{\boldsymbol{\alpha}}{\| \boldsymbol{\alpha} \|}=\frac{1}{\sqrt{6}}\begin{pmatrix}1\\2\\-1\end{pmatrix}=\begin{pmatrix}\frac{1}{\sqrt{6}}\\ \frac{2}{\sqrt{6}}\\ -\frac{1}{\sqrt{6}}\end{pmatrix}.$$

定义 3 当 $\boldsymbol{\alpha}\neq\mathbf{0},\boldsymbol{\beta}\neq\mathbf{0}$ 时，称

$$\theta=\arccos\frac{(\boldsymbol{\alpha},\boldsymbol{\beta})}{\| \boldsymbol{\alpha} \| \cdot \| \boldsymbol{\beta} \|}$$

为 n 维向量 $\boldsymbol{\alpha}$ 和 $\boldsymbol{\beta}$ 的**夹角**.

当 $(\boldsymbol{\alpha},\boldsymbol{\beta})=0$ 时，称向量 $\boldsymbol{\alpha}$ 与 $\boldsymbol{\beta}$ **正交**.

定义 4 给定非零向量组 $\boldsymbol{a}_1,\boldsymbol{a}_2,\cdots,\boldsymbol{a}_r$，若

$$(\boldsymbol{a}_i,\boldsymbol{a}_j)=0(i\neq j;i,j=1,2,\cdots,r),$$

则称 $\boldsymbol{a}_1,\boldsymbol{a}_2,\cdots,\boldsymbol{a}_r$ 为**正交向量组**.

若 $\boldsymbol{a}_1,\boldsymbol{a}_2,\cdots,\boldsymbol{a}_r$ 为正交向量组，且 $\| \boldsymbol{a}_i \|=1(i=1,2,\cdots,r)$，则称 $\boldsymbol{a}_1,\boldsymbol{a}_2,\cdots,\boldsymbol{a}_r$ 为**标准正交向量组**(**或单位正交向量组**).

定理 1 若 $\boldsymbol{a}_1,\boldsymbol{a}_2,\cdots,\boldsymbol{a}_r$ 为正交向量组，则 $\boldsymbol{a}_1,\boldsymbol{a}_2,\cdots,\boldsymbol{a}_r$ 线性无关.

证 设存在一组数 $k_1,k_2,\cdots,k_r$，使得

$$k_1\boldsymbol{a}_1+k_2\boldsymbol{a}_2+\cdots+k_r\boldsymbol{a}_r=\mathbf{0},$$

用 $\boldsymbol{a}_i(i=1,2,\cdots,r)$ 与上式两边作内积，得

$$(\boldsymbol{a}_i,k_1\boldsymbol{a}_1+k_2\boldsymbol{a}_2+\cdots+k_r\boldsymbol{a}_r)=(\boldsymbol{a}_i,\mathbf{0}),$$

$$k_1(\boldsymbol{a}_i,\boldsymbol{a}_1)+\cdots+k_i(\boldsymbol{a}_i,\boldsymbol{a}_j)+\cdots+k_r(\boldsymbol{a}_i,\boldsymbol{a}_r)=0,$$

由于 $(\boldsymbol{a}_i,\boldsymbol{a}_j)=0(i\neq j)$，从而有

$$k_i(\boldsymbol{a}_i,\boldsymbol{a}_j)=0,$$

而 $(\boldsymbol{a}_i,\boldsymbol{a}_j)\neq 0(j=i)$，故 $k_i=0(i=1,2,\cdots,r)$，所以 $\boldsymbol{a}_1,\boldsymbol{a}_2,\cdots,\boldsymbol{a}_r$ 线性无关.

定理 1 的逆命题不成立．如当

$$\boldsymbol{a}_1=\begin{pmatrix}1\\0\end{pmatrix},\boldsymbol{a}_2=\begin{pmatrix}1\\1\end{pmatrix}$$

时，$\boldsymbol{a}_1,\boldsymbol{a}_2$ 线性无关，但 $(\boldsymbol{a}_1,\boldsymbol{a}_2)=1$，即 $\boldsymbol{a}_1,\boldsymbol{a}_2$ 不正交．下面介绍由一个线性无关的向量组得到与其等价的标准正交向量组的方法——施密特正交化法.

二、线性无关向量组的标准正交化

设 $\boldsymbol{\alpha}_1,\boldsymbol{\alpha}_2,\cdots,\boldsymbol{\alpha}_r$ 为线性无关向量组．取

$\boldsymbol{\beta}_1=\boldsymbol{\alpha}_1,$

$\boldsymbol{\beta}_2=\boldsymbol{\alpha}_2-\dfrac{(\boldsymbol{\alpha}_2,\boldsymbol{\beta}_1)}{(\boldsymbol{\beta}_1,\boldsymbol{\beta}_1)}\boldsymbol{\beta}_1,$

$\boldsymbol{\beta}_3=\boldsymbol{\alpha}_3-\dfrac{(\boldsymbol{\alpha}_3,\boldsymbol{\beta}_2)}{(\boldsymbol{\beta}_2,\boldsymbol{\beta}_2)}\boldsymbol{\beta}_2-\dfrac{(\boldsymbol{\alpha}_3,\boldsymbol{\beta}_1)}{(\boldsymbol{\beta}_1,\boldsymbol{\beta}_1)}\boldsymbol{\beta}_1,$

……

$$\boldsymbol{\beta}_r=\boldsymbol{\alpha}_r-\frac{(\boldsymbol{\alpha}_r,\boldsymbol{\beta}_{r-1})}{(\boldsymbol{\beta}_{r-1},\boldsymbol{\beta}_{r-1})}\boldsymbol{\beta}_{r-1}-\frac{(\boldsymbol{\alpha}_r,\boldsymbol{\beta}_{r-2})}{(\boldsymbol{\beta}_{r-2},\boldsymbol{\beta}_{r-2})}\boldsymbol{\beta}_{r-2}-\cdots-\frac{(\boldsymbol{\alpha}_r,\boldsymbol{\beta}_1)}{(\boldsymbol{\beta}_1,\boldsymbol{\beta}_1)}\boldsymbol{\beta}_1,$$

可以证明，向量组 $\boldsymbol{\beta}_1,\boldsymbol{\beta}_2,\cdots,\boldsymbol{\beta}_r$ 是正交向量组，我们把这一过程称为将 $\boldsymbol{\alpha}_1,\boldsymbol{\alpha}_2,\cdots,\boldsymbol{\alpha}_r$ 正交化．进一步还可以将 $\boldsymbol{\beta}_1,\boldsymbol{\beta}_2,\cdots,\boldsymbol{\beta}_r$ 单位化：

$$\boldsymbol{\gamma}_1=\frac{\boldsymbol{\beta}_1}{\|\boldsymbol{\beta}_1\|},\boldsymbol{\gamma}_2=\frac{\boldsymbol{\beta}_2}{\|\boldsymbol{\beta}_2\|},\cdots,\boldsymbol{\gamma}_r=\frac{\boldsymbol{\beta}_r}{\|\boldsymbol{\beta}_r\|}.$$

这样便由线性无关向量组 $\boldsymbol{\alpha}_1,\boldsymbol{\alpha}_2,\cdots,\boldsymbol{\alpha}_r$ 得到标准正交向量组 $\boldsymbol{\gamma}_1,\boldsymbol{\gamma}_2,\cdots,\boldsymbol{\gamma}_r$．这个方法称为**施密特正交化法**．

例 1 已知向量组

$$\boldsymbol{\alpha}_1=\begin{pmatrix}1\\2\\-1\end{pmatrix},\boldsymbol{\alpha}_2=\begin{pmatrix}-1\\3\\1\end{pmatrix},\boldsymbol{\alpha}_3=\begin{pmatrix}4\\-1\\0\end{pmatrix},$$

试用施密特正交化法求标准正交向量组．

解 (1)取

$$\boldsymbol{\beta}_1=\boldsymbol{\alpha}_1,\boldsymbol{\beta}_2=\boldsymbol{\alpha}_2-\frac{(\boldsymbol{\alpha}_2,\boldsymbol{\beta}_1)}{(\boldsymbol{\beta}_1,\boldsymbol{\beta}_1)}\boldsymbol{\beta}_1=\begin{pmatrix}-1\\3\\1\end{pmatrix}-\frac{4}{6}\begin{pmatrix}1\\2\\-1\end{pmatrix}=\frac{5}{3}\begin{pmatrix}-1\\1\\1\end{pmatrix},$$

$$\begin{aligned}\boldsymbol{\beta}_3&=\boldsymbol{\alpha}_3-\frac{(\boldsymbol{\alpha}_3,\boldsymbol{\beta}_2)}{(\boldsymbol{\beta}_2,\boldsymbol{\beta}_2)}\boldsymbol{\beta}_2-\frac{(\boldsymbol{\alpha}_3,\boldsymbol{\beta}_1)}{(\boldsymbol{\beta}_1,\boldsymbol{\beta}_1)}\boldsymbol{\beta}_1\\&=\begin{pmatrix}4\\-1\\0\end{pmatrix}+\frac{5}{3}\begin{pmatrix}-1\\1\\1\end{pmatrix}-\frac{1}{3}\begin{pmatrix}1\\2\\-1\end{pmatrix}=2\begin{pmatrix}1\\0\\1\end{pmatrix}.\end{aligned}$$

(2)把它们单位化，

$$\boldsymbol{\gamma}_1=\frac{1}{\sqrt{6}}\begin{pmatrix}1\\2\\-1\end{pmatrix},\boldsymbol{\gamma}_2=\frac{1}{\sqrt{3}}\begin{pmatrix}-1\\1\\1\end{pmatrix},\boldsymbol{\gamma}_3=\frac{1}{\sqrt{2}}\begin{pmatrix}1\\0\\1\end{pmatrix}.$$

于是 $\boldsymbol{\gamma}_1,\boldsymbol{\gamma}_2,\boldsymbol{\gamma}_3$ 为标准正交向量组．

三、正交矩阵

定义 5 若 n 阶方阵 $\boldsymbol{A}$ 满足 $\boldsymbol{A}^{\mathrm{T}}\boldsymbol{A}=\boldsymbol{E}$，则称 $\boldsymbol{A}$ 为**正交矩阵**．

正交矩阵具有下列性质：

(1)若 $\boldsymbol{A}$ 为正交矩阵，则 $\boldsymbol{A}^{\mathrm{T}}=\boldsymbol{A}^{-1}$．

证 因为 $\boldsymbol{A}$ 为正交矩阵，所以 $\boldsymbol{A}^{\mathrm{T}}\boldsymbol{A}=\boldsymbol{E}$. 于是

$$|\boldsymbol{A}^{\mathrm{T}}\boldsymbol{A}|=|\boldsymbol{A}^{\mathrm{T}}||\boldsymbol{A}|=|\boldsymbol{E}|=1,$$

从而 $|\boldsymbol{A}|\neq0$，所以 $\boldsymbol{A}$ 存在逆矩阵．而 $\boldsymbol{A}^{-1}\boldsymbol{A}=\boldsymbol{E}$，故 $\boldsymbol{A}^{\mathrm{T}}=\boldsymbol{A}^{-1}$．

(2)若 $\boldsymbol{A}$ 为正交矩阵，则 $\boldsymbol{A}^{\mathrm{T}}$ 及 $\boldsymbol{A}^{-1}$ 也是正交矩阵．

证 因为 $\boldsymbol{A}$ 为正交矩阵，所以 $\boldsymbol{A}^{\mathrm{T}}\boldsymbol{A}=\boldsymbol{E}$. 于是

$$(\boldsymbol{A}^{\mathrm{T}})^{\mathrm{T}}\boldsymbol{A}^{\mathrm{T}}=(\boldsymbol{A}\boldsymbol{A}^{\mathrm{T}})^{\mathrm{T}}=\boldsymbol{E}^{\mathrm{T}}=\boldsymbol{E},$$

所以 $\boldsymbol{A}^{\mathrm{T}}$ 也是正交矩阵．同理可证 $\boldsymbol{A}^{-1}$ 也是正交矩阵．

(3)若 $\boldsymbol{A},\boldsymbol{B}$ 为正交矩阵，则 $\boldsymbol{AB}$ 也是正交矩阵．

定理 2 方阵 $\boldsymbol{A}$ 为正交矩阵的充分必要条件是 $\boldsymbol{A}$ 的列(行)向量组为标准正交向量组.

证 必要性.

设 $\boldsymbol{A}$ 的 n 个列向量分别为 $\boldsymbol{a}_1,\boldsymbol{a}_2,\cdots,\boldsymbol{a}_n$,则

$$\boldsymbol{A}^{\mathrm{T}}\boldsymbol{A}=\begin{pmatrix}\boldsymbol{a}_1\\\boldsymbol{a}_2\\\vdots\\\boldsymbol{a}_n\end{pmatrix}(\boldsymbol{a}_1\quad\boldsymbol{a}_2\quad\cdots\quad\boldsymbol{a}_n),$$

$$=\begin{pmatrix}(\boldsymbol{a}_1,\boldsymbol{a}_1) & (\boldsymbol{a}_1,\boldsymbol{a}_2) & \cdots & (\boldsymbol{a}_1,\boldsymbol{a}_n)\\(\boldsymbol{a}_2,\boldsymbol{a}_1) & (\boldsymbol{a}_2,\boldsymbol{a}_2) & \cdots & (\boldsymbol{a}_2,\boldsymbol{a}_n)\\\vdots & \vdots & & \vdots\\(\boldsymbol{a}_n,\boldsymbol{a}_1) & (\boldsymbol{a}_n,\boldsymbol{a}_2) & \cdots & (\boldsymbol{a}_n,\boldsymbol{a}_n)\end{pmatrix},$$

若 $\boldsymbol{A}$ 为正交矩阵,则 $\boldsymbol{A}^{\mathrm{T}}\boldsymbol{A}=\boldsymbol{E}$,从而

$$(\boldsymbol{a}_i,\boldsymbol{a}_i)=1(i=1,2,\cdots,n),$$
$$(\boldsymbol{a}_i,\boldsymbol{a}_j)=0(i\neq j;i,j=1,2,\cdots,n),$$

所以 $\boldsymbol{a}_1,\boldsymbol{a}_2,\cdots,\boldsymbol{a}_n$ 为标准正交向量组.

充分性由上述过程的可逆性得证.

同理可证行向量组的情况.

例 2 验证矩阵

$$\boldsymbol{A}=\begin{pmatrix}\frac{1}{3} & \frac{2}{3} & \frac{2}{3}\\\frac{2}{3} & -\frac{2}{3} & \frac{1}{3}\\-\frac{2}{3} & -\frac{1}{3} & \frac{2}{3}\end{pmatrix}$$

为正交矩阵.

解 因为

$$\boldsymbol{A}^{\mathrm{T}}\boldsymbol{A}=\begin{pmatrix}\frac{1}{3} & \frac{2}{3} & -\frac{2}{3}\\\frac{2}{3} & -\frac{2}{3} & -\frac{1}{3}\\\frac{2}{3} & \frac{1}{3} & \frac{2}{3}\end{pmatrix}\begin{pmatrix}\frac{1}{3} & \frac{2}{3} & \frac{2}{3}\\\frac{2}{3} & -\frac{2}{3} & \frac{1}{3}\\-\frac{2}{3} & -\frac{1}{3} & \frac{2}{3}\end{pmatrix}=\begin{pmatrix}1 & 0 & 0\\0 & 1 & 0\\0 & 0 & 1\end{pmatrix},$$

由定义 5 可知 $\boldsymbol{A}$ 为正交矩阵.

本题也可以用定理 2 验证.

第三节 相似矩阵与矩阵的对角化

矩阵的相似关系是矩阵之间的一种重要关系,利用矩阵的相似关系可以将矩阵对角化.

一、相似矩阵

定义 1　设 $\boldsymbol{A},\boldsymbol{B}$ 为 n 阶矩阵，若存在 n 阶可逆矩阵 $\boldsymbol{P}$，使得

$$\boldsymbol{P}^{-1}\boldsymbol{A}\boldsymbol{P}=\boldsymbol{B}$$

成立，则称矩阵 $\boldsymbol{B}$ 是 $\boldsymbol{A}$ 的**相似矩阵**，或称矩阵 $\boldsymbol{A}$ 与 $\boldsymbol{B}$ **相似**．对 $\boldsymbol{A}$ 进行 $\boldsymbol{P}^{-1}\boldsymbol{A}\boldsymbol{P}$ 运算称为对 $\boldsymbol{A}$ 进行**相似变换**．

如对于

$$\boldsymbol{A}=\begin{pmatrix}3 & 1\\ 5 & -1\end{pmatrix},\boldsymbol{B}=\begin{pmatrix}4 & 0\\ 0 & -2\end{pmatrix},$$

存在
$$\boldsymbol{P}=\begin{pmatrix}1 & 1\\ 1 & -5\end{pmatrix},\boldsymbol{P}^{-1}=\begin{pmatrix}\frac{5}{6} & \frac{1}{6}\\ \frac{1}{6} & -\frac{1}{6}\end{pmatrix},$$

使得

$$\boldsymbol{P}^{-1}\boldsymbol{A}\boldsymbol{P}=\begin{pmatrix}\frac{5}{6} & \frac{1}{6}\\ \frac{1}{6} & -\frac{1}{6}\end{pmatrix}\begin{pmatrix}3 & 1\\ 5 & -1\end{pmatrix}\begin{pmatrix}1 & 1\\ 1 & -5\end{pmatrix}=\begin{pmatrix}4 & 0\\ 0 & -2\end{pmatrix}=\boldsymbol{B},$$

所以 $\boldsymbol{A}$ 与 $\boldsymbol{B}$ 相似．

矩阵的相似变换满足：

(1)反身性：矩阵 $\boldsymbol{A}$ 与目身相似；

(2)对称性：若 $\boldsymbol{A}$ 与 $\boldsymbol{B}$ 相似，则 $\boldsymbol{B}$ 与 $\boldsymbol{A}$ 也相似；

(3)传递性：若 $\boldsymbol{A}$ 与 $\boldsymbol{B}$ 相似，$\boldsymbol{B}$ 与 $\boldsymbol{C}$ 相似，则 $\boldsymbol{A}$ 与 $\boldsymbol{C}$ 也相似．

以对称性为例证明．

证　若 $\boldsymbol{A}$ 与 $\boldsymbol{B}$ 相似，则存在可逆矩阵 $\boldsymbol{T}$，使得 $\boldsymbol{T}^{-1}\boldsymbol{A}\boldsymbol{T}=\boldsymbol{B}$，两边左乘 $\boldsymbol{T}$，右乘 $\boldsymbol{T}^{-1}$，得 $\boldsymbol{A}=\boldsymbol{T}\boldsymbol{B}\boldsymbol{T}^{-1}$．设 $\boldsymbol{P}=\boldsymbol{T}^{-1}$，得 $\boldsymbol{P}^{-1}\boldsymbol{B}\boldsymbol{P}=\boldsymbol{A}$，所以 $\boldsymbol{B}$ 与 $\boldsymbol{A}$ 也相似．

定理 1　若 n 阶矩阵 $\boldsymbol{A}$ 与 $\boldsymbol{B}$ 相似，则 $\boldsymbol{A}$ 与 $\boldsymbol{B}$ 有相同的特征多项式，从而有相同的特征值．

证　因为 $\boldsymbol{A}$ 与 $\boldsymbol{B}$ 相似，所以存在可逆矩阵 $\boldsymbol{P}$，使得

$$\boldsymbol{P}^{-1}\boldsymbol{A}\boldsymbol{P}=\boldsymbol{B}.$$

而
$$\begin{aligned}|\boldsymbol{B}-\lambda\boldsymbol{E}|&=|\boldsymbol{P}^{-1}\boldsymbol{A}\boldsymbol{P}-\boldsymbol{P}^{-1}\lambda\boldsymbol{E}\boldsymbol{P}|\\&=|\boldsymbol{P}^{-1}(\boldsymbol{A}-\lambda\boldsymbol{E})\boldsymbol{P}|\\&=|\boldsymbol{P}^{-1}||(\boldsymbol{A}-\lambda\boldsymbol{E})||\boldsymbol{P}|\\&=|\boldsymbol{A}-\lambda\boldsymbol{E}|,\end{aligned}$$

即
$$|\boldsymbol{A}-\lambda\boldsymbol{E}|=|\boldsymbol{B}-\lambda\boldsymbol{E}|,$$

从 $\boldsymbol{A}$ 而 $\boldsymbol{B}$ 与有相同的特征值．

推论　若 n 阶矩阵 $\boldsymbol{A}$ 与对角矩阵

$$\boldsymbol{\Lambda}=\begin{pmatrix}\lambda_1 & & & \\ & \lambda_2 & & \\ & & \ddots & \\ & & & \lambda_n\end{pmatrix}$$

相似,则 $\lambda_1,\lambda_2,\cdots,\lambda_n$ 即是矩阵 A 的 n 个特征值.

二、矩阵的对角化

如果方阵 A 与一个对角矩阵 Λ 相似,则称方阵 A **可对角化**. 其中

$$A=\begin{pmatrix} a_{11} & a_{12} & \cdots & a_{1n} \\ a_{21} & a_{22} & \cdots & a_{2n} \\ \vdots & \vdots & & \vdots \\ a_{n1} & a_{n2} & \cdots & a_{nn} \end{pmatrix}, \qquad \Lambda=\begin{pmatrix} \lambda_1 & & & \\ & \lambda_2 & & \\ & & \ddots & \\ & & & \lambda_n \end{pmatrix}.$$

由定理 1 可知,若 n 阶矩阵 A 与对角阵 Λ 相似,则矩阵 A 的特征值就是对角阵 Λ 主对角线上的元素.

下面我们讨论 n 阶矩阵 A 具备什么条件才能对角化,如何将可对角化矩阵化成对角矩阵.

设存在可逆矩阵 P,使得

$$P^{-1}AP=\Lambda.$$

Λ 为对角形矩阵,我们来讨论矩阵 P 的结构.

把矩阵 P 用列向量表示为

$$P=(p_1,p_2,\cdots,p_n),$$

由 $P^{-1}AP=\Lambda$ 可得 $AP=P\Lambda$,即

$$A(p_1,p_2,\cdots,p_n)=(p_1,p_2,\cdots,p_n)\begin{pmatrix} \lambda_1 & & & \\ & \lambda_2 & & \\ & & \ddots & \\ & & & \lambda_n \end{pmatrix}$$

$$=(\lambda_1 p_1,\lambda_2 p_2,\cdots,\lambda_n p_n),$$

于是有 $Ap_i=\lambda_i p_i(i=1,2,\cdots,n)$. 这说明 λ_i 是方阵 A 的特征值,而矩阵 P 的列向量 p_i 就是方阵 A 相应于特征值 λ_i 的特征向量.

反之,由于方阵 A 恰好有 n 个特征值,并可对应地求得 n 个特征向量,这 n 个特征向量即可构成矩阵 P,使得 $AP=P\Lambda$.

由于特征向量是不唯一的,因此矩阵 P 也不是唯一的.

若使这样构成的矩阵 P 是可逆矩阵,则必须 $p_1,p_2,\cdots,p_n$ 线性无关.

定理 2 n 阶方阵 A 可对角化的充分必要条件是方阵 A 有 n 个线性无关的特征向量.

推论 若 n 阶方阵 A 的 n 个特征值互不相同,则方阵 A 可对角化.

当方阵 A 的特征方程有重根时,就不一定有 n 个线性无关的特征向量,从而不一定能对角化. 如在前面的例子中,A 的特征方程有重根,有的确实无法找到三个线性无关的特征向量,方阵 A 不能对角化;而有的特征方程也有重根,对应的三个特征向量线性无关,方阵 A 能对角化.

综上所述,方阵 A 能否对角化是一个比较复杂的问题,我们不作一般性讨论. 但当 A 为实对称矩阵时,A 一定能对角化.

三、实对称矩阵的对角化

定理 3 实对称矩阵 A 的特征值为实数.

定理 4 设 λ_1 和 λ_2 是实对称矩阵 $\boldsymbol{A}$ 的两个特征值，$\boldsymbol{p}_1,\boldsymbol{p}_2$ 是对应的特征向量．若 $\lambda_1\neq\lambda_2$，则 $\boldsymbol{p}_1,\boldsymbol{p}_2$ 正交．

证 因为 $\boldsymbol{p}_1,\boldsymbol{p}_2$ 是矩阵 $\boldsymbol{A}$ 对应于特征值 λ_1 和 λ_2 的特征向量，所以

$$\lambda_1\boldsymbol{p}_1=\boldsymbol{A}\boldsymbol{p}_1,\lambda_2\boldsymbol{p}_2=\boldsymbol{A}\boldsymbol{p}_2.$$

由于 $\boldsymbol{A}$ 是对称矩阵，因此

$$\lambda_1\boldsymbol{p}_1^{\mathrm{T}}=(\lambda_1\boldsymbol{p}_1)^{\mathrm{T}}=(\boldsymbol{A}\boldsymbol{p}_1)^{\mathrm{T}}=\boldsymbol{p}_1^{\mathrm{T}}\boldsymbol{A}^{\mathrm{T}}=\boldsymbol{p}_1^{\mathrm{T}}\boldsymbol{A},$$

$$\lambda_1\boldsymbol{p}_1^{\mathrm{T}}\boldsymbol{p}_2=\boldsymbol{p}_1^{\mathrm{T}}\boldsymbol{A}\boldsymbol{p}_2=\boldsymbol{p}_1^{\mathrm{T}}(\lambda_2\boldsymbol{p}_2)=\lambda_2\boldsymbol{p}_1^{\mathrm{T}}\boldsymbol{p}_2,$$

即

$$(\lambda_1-\lambda_2)\boldsymbol{p}_1^{\mathrm{T}}\boldsymbol{p}_2=0,$$

因为 $\lambda_1\neq\lambda_2$，所以 $\boldsymbol{p}_1^{\mathrm{T}}\boldsymbol{p}_2=0$，即 $\boldsymbol{p}_1$ 与 $\boldsymbol{p}_2$ 正交．

定理 5 实对称矩阵 $\boldsymbol{A}$ 的对应于 k 重特征值的线性无关的特征向量恰为 k 个．

综上所述，当 $\boldsymbol{A}$ 为实对称矩阵时，$\boldsymbol{A}$ 一定能对角化．

例 设实对称矩阵

$$\boldsymbol{A}=\begin{pmatrix}4&0&0\\0&3&1\\0&1&3\end{pmatrix},$$

求一个正交矩阵 $\boldsymbol{P}$，使 $\boldsymbol{P}^{-1}\boldsymbol{A}\boldsymbol{P}=\boldsymbol{\Lambda}$.

解 因为

$$|\boldsymbol{A}-\lambda\boldsymbol{E}|=\begin{vmatrix}4-\lambda&0&0\\0&3-\lambda&1\\0&1&3-\lambda\end{vmatrix}=(2-\lambda)(4-\lambda)^2,$$

所以特征值 $\lambda_1=2,\lambda_2=\lambda_3=4$.

当 $\lambda_1=2$ 时，齐次线性方程组 $(\boldsymbol{A}-2\boldsymbol{E})\boldsymbol{x}=\boldsymbol{0}$ 为

$$\begin{pmatrix}2&0&0\\0&1&1\\0&1&1\end{pmatrix}\begin{pmatrix}x_1\\x_2\\x_3\end{pmatrix}=\begin{pmatrix}0\\0\\0\end{pmatrix},$$

由

$$\boldsymbol{A}-2\boldsymbol{E}=\begin{pmatrix}2&0&0\\0&1&1\\0&1&1\end{pmatrix}\sim\begin{pmatrix}1&0&0\\0&1&1\\0&0&0\end{pmatrix}$$

得

$$\begin{cases}x_1=0,\\x_2=-x_3,\\x_3=x_3.\end{cases}$$

设 $x_3=-k_1$，得

$$\begin{pmatrix}x_1\\x_2\\x_3\end{pmatrix}=k_1\begin{pmatrix}0\\1\\-1\end{pmatrix},$$

将基础解系单位化得到单位特征向量

$$p_1=\begin{pmatrix}0\\ \frac{1}{\sqrt{2}}\\ -\frac{1}{\sqrt{2}}\end{pmatrix}.$$

当 $\lambda_2=\lambda_3=4$ 时，齐次线性方程组 $(\boldsymbol{A}-4\boldsymbol{E})\boldsymbol{x}=\boldsymbol{0}$ 为

$$\begin{pmatrix}0&0&0\\0&-1&1\\0&1&-1\end{pmatrix}\begin{pmatrix}x_1\\x_2\\x_3\end{pmatrix}=\begin{pmatrix}0\\0\\0\end{pmatrix},$$

由

$$\boldsymbol{A}-4\boldsymbol{E}=\begin{pmatrix}0&0&0\\0&-1&1\\0&1&-1\end{pmatrix}\sim\begin{pmatrix}0&0&0\\0&1&-1\\0&0&0\end{pmatrix}$$

得

$$\begin{cases}x_1=x_1,\\x_2=x_3,\\x_3=x_3.\end{cases}$$

设 $x_1=k_1, x_3=k_2$，得

$$\begin{pmatrix}x_1\\x_2\\x_3\end{pmatrix}=k_1\begin{pmatrix}1\\0\\0\end{pmatrix}+k_2\begin{pmatrix}0\\1\\1\end{pmatrix}.$$

基础解系中的两个向量恰好正交，单位化即得两个单位正交的特征向量

$$p_2=\begin{pmatrix}1\\0\\0\end{pmatrix}, p_3=\begin{pmatrix}0\\ \frac{1}{\sqrt{2}}\\ \frac{1}{\sqrt{2}}\end{pmatrix},$$

于是所求正交矩阵为

$$\boldsymbol{P}=\begin{pmatrix}0&1&0\\ \frac{1}{\sqrt{2}}&0&\frac{1}{\sqrt{2}}\\ -\frac{1}{\sqrt{2}}&0&\frac{1}{\sqrt{2}}\end{pmatrix}.$$

第四节　二次型及其标准形

在解析几何中，我们知道二元二次方程

$$ax^2+bxy+cy^2=1$$

的图形是坐标平面上的二次曲线．方程左边的每一项都是变量 x,y 的二次式，称左边的多项式为**二次齐式**．

为了识别二次曲线的类型需要作旋转变换

$$\begin{cases} x=x'\cos\theta-y'\sin\theta, \\ y=x'\sin\theta+y'\cos\theta, \end{cases}$$

将二次齐式化成只含平方项的标准型

$$a'x'^2+c'y'^2=1,$$

根据标准型中的系数 a',c' 取值的不同，我们就能确定该二次曲线的类型．

在许多理论和实际问题中往往会遇到类似情况．为此，我们把二次齐式化成标准型问题一般化，讨论 n 个变量的二次齐式的化简问题．

一、二次型的矩阵表示

定义 1　只含有 n 个变量 $x_1,x_2,\cdots,x_n$ 的平方项及两两乘积项的二次函数

$$f(x_1,x_2,\cdots,x_n)=a_{11}x_1^2+a_{22}x_2^2+\cdots+a_{nn}x_n^2+ 2a_{12}x_1x_2+2a_{13}x_1x_3+\cdots+2a_{n-1\,n}x_{n-1}x_n \tag{5-4}$$

称为**二次型**．只含有平方项的二次型称为二次型的**标准形**，系数均为实数的二次型称为**实二次型**．本书只介绍实二次型．

在(5－4)式中令 $a_{ij}=a_{ji}$，则 $2a_{ij}x_ix_j=a_{ij}x_ix_j+a_{ji}x_jx_i$，于是(5－4)式改写为

$$f(x_1,x_2,\cdots,x_n)=a_{11}x_1^2+a_{12}x_1x_2+\cdots+a_{1n}x_1x_n+a_{21}x_2x_1+a_{22}x_2^2 +\cdots+a_{2n}x_2x_n+\cdots+a_{n1}x_nx_1+a_{n2}x_nx_2+\cdots+a_{nn}x_n^2. \tag{5-5}$$

(5－5)式又可以写成矩阵形式

$$f=(x_1,x_2,\cdots,x_n)\begin{pmatrix} a_{11} & a_{12} & \cdots & a_{1n} \\ a_{21} & a_{22} & \cdots & a_{2n} \\ \vdots & \vdots & & \vdots \\ a_{n1} & a_{n2} & \cdots & a_{nn} \end{pmatrix}\begin{pmatrix} x_1 \\ x_2 \\ \vdots \\ x_n \end{pmatrix},$$

记

$$\boldsymbol{A}=\begin{pmatrix} a_{11} & a_{12} & \cdots & a_{1n} \\ a_{21} & a_{22} & \cdots & a_{2n} \\ \vdots & \vdots & & \vdots \\ a_{n1} & a_{n2} & \cdots & a_{nn} \end{pmatrix},\boldsymbol{x}=\begin{pmatrix} x_1 \\ x_2 \\ \vdots \\ x_n \end{pmatrix}$$，则矩阵形式可以记做

$$f=\boldsymbol{x}^{\mathrm{T}}\boldsymbol{A}\boldsymbol{x}.$$

因为 $a_{ij}=a_{ji}$，所以 $\boldsymbol{A}$ 为对称矩阵．$\boldsymbol{A}$ 称为**二次型 f 的矩阵**．矩阵 $\boldsymbol{A}$ 的秩称为**二次型 f 的秩**．

给定一个二次型，就唯一确定一个对称矩阵；反之，一个对称矩阵能唯一确定一个二次型．

例 1　(1)把二次型 $f=2x_1^2-4x_1x_2+x_2^2+x_1x_3+3x_2x_3-2x_3^2$ 表示成矩阵形式；

(2)把二次型 $f=2y_1^2+3y_2^2-2y_3^2$ 表示成矩阵形式；

(3)写出由矩阵 $\boldsymbol{A}=\begin{pmatrix} 4 & 2 & 3 \\ 2 & 3 & 1 \\ 3 & 1 & 3 \end{pmatrix}$ 所确定的二次型．

解 (1) $f=(x_1,x_2,x_3)\begin{pmatrix}2 & -2 & \frac{1}{2}\\ -2 & 1 & \frac{3}{2}\\ \frac{1}{2} & \frac{3}{2} & -2\end{pmatrix}\begin{pmatrix}x_1\\x_2\\x_3\end{pmatrix}$；

(2) $f=(y_1,y_2,y_3)\begin{pmatrix}2 & 0 & 0\\0 & 3 & 0\\0 & 0 & -2\end{pmatrix}\begin{pmatrix}y_1\\y_2\\y_3\end{pmatrix}$；

(3) $f=4x_1^2+4x_1x_2+3x_2^2+6x_1x_3+2x_2x_3+3x_3^2$.

二、用正交变换化二次型为标准形

为了将二次型 $f=\boldsymbol{x}^{\mathrm{T}}\boldsymbol{A}\boldsymbol{x}$ 化成标准形 $f=\boldsymbol{y}^{\mathrm{T}}\boldsymbol{\Lambda}\boldsymbol{y}$，我们需要寻找类似“旋转变换”的方法，为此，我们设

$$\begin{cases}x_1=c_{11}y_1+c_{12}y_2+\cdots+c_{1n}y_n,\\x_2=c_{21}y_1+c_{22}y_2+\cdots+c_{2n}y_n,\\\cdots\cdots\\x_n=c_{n1}y_1+c_{n2}y_2+\cdots+c_{nn}y_n.\end{cases}\tag{5 - 6}$$

记

$$\boldsymbol{C}=\begin{pmatrix}c_{11} & c_{12} & \cdots & c_{1n}\\c_{21} & c_{22} & \cdots & c_{2n}\\\vdots & \vdots & & \vdots\\c_{n1} & c_{n2} & \cdots & c_{nn}\end{pmatrix},\quad \boldsymbol{x}=\begin{pmatrix}x_1\\x_2\\\vdots\\x_n\end{pmatrix},$$

则(5 - 6)式可以表示为

$$\boldsymbol{x}=\boldsymbol{C}\boldsymbol{y}.\tag{5 - 7}$$

称(5 - 7)为一个从 $\boldsymbol{y}$ 到 $\boldsymbol{x}$ 的线性变换．当 $\boldsymbol{C}$ 为满秩矩阵时，称(5 - 7)为满秩线性变换；特别地，当 $\boldsymbol{C}$ 为正交矩阵时，称(5 - 7)为正交变换．显然，对于满秩线性变换，由于 $\boldsymbol{C}^{-1}$ 存在，故变换可逆．

将 $\boldsymbol{x}=\boldsymbol{C}\boldsymbol{y}$ 代入 $f=\boldsymbol{x}^{\mathrm{T}}\boldsymbol{A}\boldsymbol{x}$，得

$$f=(\boldsymbol{C}\boldsymbol{y})^{\mathrm{T}}\boldsymbol{A}(\boldsymbol{C}\boldsymbol{y})=\boldsymbol{y}^{\mathrm{T}}(\boldsymbol{C}^{\mathrm{T}}\boldsymbol{A}\boldsymbol{C})\boldsymbol{y},$$

因为 $\boldsymbol{A}$ 是对称矩阵，所以 $\boldsymbol{C}^{\mathrm{T}}\boldsymbol{A}\boldsymbol{C}$ 也是对称矩阵，所以存在正交方阵 $\boldsymbol{P}$，使得 $\boldsymbol{P}^{-1}\boldsymbol{A}\boldsymbol{P}=\boldsymbol{\Lambda}$（对角矩阵）．而正交矩阵 $\boldsymbol{P}$ 满足 $\boldsymbol{P}^{-1}=\boldsymbol{P}^{\mathrm{T}}$，因此 $\boldsymbol{P}^{\mathrm{T}}\boldsymbol{A}\boldsymbol{P}=\boldsymbol{\Lambda}$，于是我们得到下面的定理．

定理 1 任意给一个二次型 $f=\boldsymbol{x}^{\mathrm{T}}\boldsymbol{A}\boldsymbol{x}$，总存在正交变换 $\boldsymbol{x}=\boldsymbol{P}\boldsymbol{y}$，使二次型 $f=\boldsymbol{x}^{\mathrm{T}}\boldsymbol{A}\boldsymbol{x}$ 化为标准形．

$$f=\lambda_1y_1^2+\lambda_2y_2^2+\cdots+\lambda_ny_n^2,$$

其中 $\lambda_1,\lambda_2,\cdots,\lambda_n$ 是 $\boldsymbol{A}$ 的 n 个特征值．

例 2 用正交变换化二次型

$$f=2x_1^2-4x_1x_2+x_2^2-4x_2x_3$$

为标准形，并写出相应的正交变换．

解

$$A=\begin{pmatrix}2&-2&0\\-2&1&-2\\0&-2&0\end{pmatrix}.$$

第一步,求特征值. 因为

$$|A-\lambda E|=\begin{vmatrix}2-\lambda&-2&0\\-2&1-\lambda&-2\\0&-2&-\lambda\end{vmatrix}=(\lambda+2)(\lambda-4)(1-\lambda),$$

所以特征值 $\lambda_1=-2,\lambda_2=4,\lambda_3=1$.

第二步,求单位特征向量.

当 $\lambda_1=-2$ 时,齐次线性方程组 $(A+2E)x=0$ 为

$$\begin{cases}4x_1-2x_2=0,\\-2x_1+3x_2-2x_3=0,\\-2x_2+2x_3=0.\end{cases}$$

由

$$A+2E=\begin{pmatrix}4&-2&0\\-2&3&-2\\0&-2&2\end{pmatrix}\sim\begin{pmatrix}1&-\frac{1}{2}&0\\0&-1&1\\0&0&0\end{pmatrix}$$

得

$$\begin{cases}x_1=0.5x_2,\\x_2=x_3,\\x_3=x_3.\end{cases}$$

设 $x_2=k_1$,得

$$\begin{pmatrix}x_1\\x_2\\x_3\end{pmatrix}=k_1\begin{pmatrix}\frac{1}{2}\\1\\1\end{pmatrix},$$

将基础解系单位化得到单位特征向量

$$p_1=\begin{pmatrix}\frac{1}{3}\\\frac{2}{3}\\\frac{2}{3}\end{pmatrix}.$$

当 $\lambda_1=4$ 时,齐次线性方程组 $(A-4E)x=0$ 为

$$\begin{cases}-2x_1-2x_2=0,\\-2x_1-3x_2-2x_3=0,\\-2x_2-4x_3=0.\end{cases}$$

由

$$A-4E=\begin{pmatrix}-2&-2&0\\-2&-3&-2\\0&-2&-4\end{pmatrix}\sim\begin{pmatrix}1&0&-2\\0&1&2\\0&0&0\end{pmatrix}$$

得

$$\begin{cases}x_1=2x_3,\\x_2=-2x_3,\\x_3=x_3.\end{cases}$$

设 $x_3=k_2$，得

$$\begin{pmatrix}x_1\\x_2\\x_3\end{pmatrix}=k_2\begin{pmatrix}2\\-2\\1\end{pmatrix},$$

将基础解系单位化得到单位特征向量

$$p_2=\begin{pmatrix}\frac{2}{3}\\-\frac{2}{3}\\\frac{1}{3}\end{pmatrix}.$$

当 $\lambda_1=1$ 时，齐次线性方程组 $(A-E)x=0$ 为

$$\begin{cases}x_1-2x_2=0,\\-2x_1-2x_3=0,\\-2x_2-x_3=0.\end{cases}$$

由

$$A-E=\begin{pmatrix}1&-2&0\\-2&0&-2\\0&-2&-1\end{pmatrix}\sim\begin{pmatrix}1&0&1\\0&1&\frac{1}{2}\\0&0&0\end{pmatrix}$$

得

$$\begin{cases}x_1=-x_3,\\x_2=-0.5x_3,\\x_3=x_3.\end{cases}$$

设 $x_3=k_3$，得

$$\begin{pmatrix}x_1\\x_2\\x_3\end{pmatrix}=k_3\begin{pmatrix}-1\\-\frac{1}{2}\\1\end{pmatrix},$$

将基础解系单位化得到单位特征向量

$$\boldsymbol{p}_3=\begin{pmatrix}-\frac{2}{3}\\-\frac{1}{3}\\\frac{2}{3}\end{pmatrix}.$$

第三步,由于特征值互异,故各单位特征向量两两正交．于是得正交矩阵

$$\boldsymbol{P}=(\boldsymbol{p}_1,\boldsymbol{p}_2,\boldsymbol{p}_3)=\begin{pmatrix}\frac{1}{3}&\frac{2}{3}&-\frac{2}{3}\\\frac{2}{3}&-\frac{2}{3}&-\frac{1}{3}\\\frac{2}{3}&\frac{1}{3}&\frac{2}{3}\end{pmatrix},$$

使得

$$\boldsymbol{P}^{\mathrm{T}}\boldsymbol{A}\boldsymbol{P}=\begin{pmatrix}-2&&\\&4&\\&&1\end{pmatrix},$$

所以二次型的标准形为

$$f=-2y_1^2+4y_2^2+y_3^2,$$

所用正交变换为

$$\begin{cases}x_1=\frac{1}{3}y_1+\frac{2}{3}y_2-\frac{2}{3}y_3,\\x_2=\frac{2}{3}y_1-\frac{2}{3}y_2-\frac{1}{3}y_3,\\x_3=\frac{2}{3}y_1-\frac{1}{3}y_2+\frac{2}{3}y_3.\end{cases}$$

三、用配方法化二次型为标准形

将二次型化为标准形除了用正交变换的方法外,还可以用配方法,以下用实例来介绍这种方法．

例 3 用配方法化二次型

$$f=2x_1^2-4x_1x_2+x_2^2-4x_2x_3$$

为标准形,并写出相应的线性变换矩阵．

解
$$\begin{aligned}f&=2x_1^2-4x_1x_2+x_2^2-4x_2x_3\\&=2x_1^2-4x_1x_2+2x_2^2-x_2^2-4x_2x_3-4x_3^2+4x_3^2\\&=2(x_1^2-2x_1x_2+x_2^2)-(x_2^2+4x_2x_3+4x_3^2)+4x_3^2\\&=2(x_1-x_2)^2-(x_2+2x_3)^2+4x_3^2.\end{aligned}$$

令

$$\begin{cases}y_1=x_1-x_2,\\y_2=x_2+2x_3,\\y_3=x_3,\end{cases}$$

得

$$\begin{cases}x_1=y_1+y_2-2y_3,\\x_2=y_2-2y_3,\\x_3=y_3.\end{cases}$$

相应的可逆线性变换矩阵为

$$\boldsymbol{C}=\begin{pmatrix}1&1&-2\\0&1&-2\\0&0&1\end{pmatrix}.$$

于是，可逆线性变换 $\boldsymbol{x}=\boldsymbol{C}\boldsymbol{y}$ 将 f 化为标准形

$$f=2y_1^2-y_2^2+4y_3^2.$$

例 4 用配方法化二次型

$$f=x_1^2+2x_2^2+5x_3^2+2x_1x_2+2x_1x_3+6x_2x_3$$

为标准形，并写出相应的线性变换．

解 二次型 f 含有第一个变量 x_1 的平方项，先把 f 中含有 x_1 的项归并在一起进行配方

$$\begin{aligned}f&=x_1^2+2x_2^2+5x_3{}^2+2x_1x_2+2x_1x_3+6x_2x_3\\&=(x_1^2+x_2^2+x_3^2+2x_1x_2+2x_1x_3+2x_2x_3)+(x_2^2+4x_2x_3+4x_3^2)\\&=(x_1+x_2+x_3)^2+(x_2+2x_3)^2.\end{aligned}$$

令

$$\begin{cases}y_1=x_1+x_2+x_3,\\y_2=x_2+2x_3,\\y_3=x_3,\end{cases}$$

得

$$\begin{cases}x_1=y_1-y_2+y_3,\\x_2=y_2-2y_3,\\x_3=y_3.\end{cases}$$

相应的可逆线性变换矩阵为

$$\boldsymbol{C}=\begin{pmatrix}1&-1&1\\0&1&-2\\0&0&1\end{pmatrix}.$$

于是，可逆线性变换 $\boldsymbol{x}=\boldsymbol{C}\boldsymbol{y}$ 将 f 化为标准形

$$f=y_1^2+y_2^2.$$

例 5 用配方法化二次型

$$f=2x_1x_2+2x_1x_3-6x_2x_3$$

为标准形，并写出相应的线性变换．

解 由于 f 中不含平方项，故先作下面的可逆线性变换

$$\begin{cases}x_1=y_1+y_2,\\x_2=y_1-y_2,\\x_3=y_3.\end{cases}$$

于是

$$
\begin{aligned}
f&=2y_1^2-2y_2^2-4y_1y_3+8y_2y_3\\
&=2(y_1-y_3)^2-2(y_2-2y_3)^2+6y_3^2.
\end{aligned}
$$

令

$$
\begin{cases}
z_1=y_1-y_3,\\
z_2=y_2-2y_3,\\
z_3=y_3,
\end{cases}
$$

则

$$
\begin{cases}
y_1=z_1+z_3,\\
y_2=z_2+2z_3,\\
y_3=z_3,
\end{cases}
$$

于是,线性变换 $\boldsymbol{x}=\boldsymbol{C}\boldsymbol{z}$ 将 f 化为标准形

$$
f=2z_1^2-2z_2^2+6z_3^2,
$$

其中

$$
\boldsymbol{C}=\begin{pmatrix}1&1&1\\1&-1&0\\0&0&1\end{pmatrix}\begin{pmatrix}1&0&1\\0&1&2\\0&0&1\end{pmatrix}=\begin{pmatrix}1&1&3\\1&-1&-1\\0&0&1\end{pmatrix},
$$

因为 $|\boldsymbol{C}|=-2\neq0$,所以 $\boldsymbol{x}=\boldsymbol{C}\boldsymbol{z}$ 为可逆线性变换.

对于一般含有 n 个变量的二次型,用配方法化二次型为标准形的步骤是:如果没有变量的平方项,首先需要像例 5 那样用一个可逆线性变换将该二次型化成含有平方项的二次型,然后,集中含某一个有平方项的变量(如例 4 中的 x_1)的所有项配方,再对剩下的变量按上述方法重复进行,即可将二次型化为标准形.

第五节 正定二次型

通过可逆线性变换可以将二次型化为标准形.对于同一个二次型,如果选取的可逆线性变换不同,那么,二次型的标准形会有所不同.然而,标准形中所含项数是唯一确定的,其项数恰好为二次型的秩.而且,在线性变换为实变换时,标准形中正、负系数及零系数的个数是不变的.

定理 1 设二次型 $f=\boldsymbol{x}^{\mathrm{T}}\boldsymbol{A}\boldsymbol{x}$ 经可逆变换 $\boldsymbol{x}=\boldsymbol{C}_1\boldsymbol{y}$ 和 $\boldsymbol{x}=\boldsymbol{C}_2\boldsymbol{y}$ 分别化二次型为标准形

$$
f=\lambda_1y_1^2+\lambda_2y_2^2+\cdots+\lambda_ny_n^2,
$$

$$
f=k_1y_1^2+k_2y_2^2+\cdots+k_ny_n^2,
$$

则 $\lambda_1,\lambda_2,\cdots,\lambda_n$ 中正、负系数的个数与 $k_1,k_2,\cdots,k_n$ 中正、负系数的个数相等(从而零系数的个数也相等).

这个定理称为**惯性定理**.

比较常用的二次型是标准形的系数全为正数或全为负数的情形.

定义 1 设二次型 $f=\boldsymbol{x}^{\mathrm{T}}\boldsymbol{A}\boldsymbol{x}$,若对于任何非零向量 $\boldsymbol{x}$,都有 $\boldsymbol{x}^{\mathrm{T}}\boldsymbol{A}\boldsymbol{x}>0$,则称该二次型为**正定二次型**,并称矩阵 $\boldsymbol{A}$ 为**正定的**;若对于任何非零向量 $\boldsymbol{x}$,都有 $\boldsymbol{x}^{\mathrm{T}}\boldsymbol{A}\boldsymbol{x}<0$,则称该二次型为**负**

定二次型,并称矩阵 A 为负定的.

定理 2 二次型 $f=x^{T}Ax$ 为正定的充分必要条件是它的标准形的 n 个系数都是正数.

推论 二次型 $f=x^{T}Ax$ 为正定的充分必要条件是 A 的特征值都是正数.

定理 3 二次型 $f=x^{T}Ax$ 为正定的充分必要条件是它的各阶主子式都是正数,即

$$a_{11}>0,\begin{vmatrix} a_{11} & a_{12} \\ a_{21} & a_{22} \end{vmatrix}>0,\cdots,\begin{vmatrix} a_{11} & \cdots & a_{1n} \\ \vdots & & \vdots \\ a_{n1} & \cdots & a_{nn} \end{vmatrix}>0;$$

二次型 $f=x^{T}Ax$ 为负定的充分必要条件是它的奇数阶主子式为负数,偶数阶主子式为正数,即

$$(-1)^{k}\begin{vmatrix} a_{11} & \cdots & a_{1n} \\ \vdots & & \vdots \\ a_{n1} & \cdots & a_{nn} \end{vmatrix}>0(k=1,2,\cdots,n).$$

例 1 判别二次型

$$f=2x_1^2+4x_1x_2+5x_2^2-4x_1x_3-8x_2x_3+5x_3^2$$

的正定性.

解 二次型的矩阵为

$$A=\begin{pmatrix} 2 & 2 & -2 \\ 2 & 5 & -4 \\ -2 & -4 & 5 \end{pmatrix},$$

特征多项式为

$$|A-\lambda E|=\begin{vmatrix} 2-\lambda & 2 & -2 \\ 2 & 5-\lambda & -4 \\ -2 & -4 & 5-\lambda \end{vmatrix}=(\lambda-1)^2(\lambda-10),$$

A 的特征值为 1 和 10,都是正数,二次型是正定的.

例 2 判别二次型

$$f=-5x_1^2+4x_1x_2-6x_2^2+4x_1x_3-4x_3^2$$

的正定性.

解

$$A=\begin{pmatrix} -5 & 2 & 2 \\ 2 & -6 & 0 \\ 2 & 0 & -4 \end{pmatrix},$$

各阶主子式分别为

$$-5<0,\begin{vmatrix} -5 & 2 \\ 2 & -6 \end{vmatrix}=26>0,\begin{vmatrix} -5 & 2 & 2 \\ 2 & -6 & 0 \\ 2 & 0 & -4 \end{vmatrix}=-80<0,$$

二次型为负定的.

随着数学软件的开发与发展,现在利用数学软件 MATLAB 可以求特征值与特征向量、将二次型标准化等等,有兴趣的同学可参阅附录.

习 题 五

1. 求下列方阵的特征值和特征向量.

(1)$\boldsymbol{A}=\begin{pmatrix}2&1\\1&2\end{pmatrix}$；　　(2)$\boldsymbol{A}=\begin{pmatrix}3&-2\\1&0\end{pmatrix}$；

(3)$\boldsymbol{A}=\begin{pmatrix}1&-2&2\\-2&-2&4\\2&4&-2\end{pmatrix}$；　　(4)$\boldsymbol{A}=\begin{pmatrix}3&1&0\\-4&-1&0\\4&-8&-2\end{pmatrix}$；

(5)$\boldsymbol{A}=\begin{pmatrix}-1&-2&-2\\1&2&1\\-1&-1&0\end{pmatrix}$；　　(6)$\boldsymbol{A}=\begin{pmatrix}4&6&0\\-3&-5&0\\-3&-6&1\end{pmatrix}$.

2. 已知线性无关向量组 $\boldsymbol{a}_1,\boldsymbol{a}_2,\boldsymbol{a}_3$，试用施密特正交化法求标准正交向量组.

(1)$\boldsymbol{a}_1=\begin{pmatrix}1\\1\\0\end{pmatrix},\boldsymbol{a}_2=\begin{pmatrix}1\\-1\\0\end{pmatrix},\boldsymbol{a}_3=\begin{pmatrix}0\\1\\2\end{pmatrix}$；　　(2)$\boldsymbol{a}_1=\begin{pmatrix}1\\1\\1\\1\end{pmatrix},\boldsymbol{a}_2=\begin{pmatrix}2\\1\\1\\0\end{pmatrix},\boldsymbol{a}_3=\begin{pmatrix}1\\1\\0\\0\end{pmatrix}$；

(3)$\boldsymbol{a}_1=\begin{pmatrix}1\\-1\\0\end{pmatrix},\boldsymbol{a}_2=\begin{pmatrix}0\\1\\1\end{pmatrix},\boldsymbol{a}_3=\begin{pmatrix}1\\2\\1\end{pmatrix}$；　　(4)$\boldsymbol{a}_1=\begin{pmatrix}1\\1\\1\end{pmatrix},\boldsymbol{a}_2=\begin{pmatrix}1\\1\\-1\end{pmatrix},\boldsymbol{a}_3=\begin{pmatrix}1\\-1\\-1\end{pmatrix}$.

3. 判别下列矩阵是否为正交矩阵.

(1)$\boldsymbol{A}=\begin{pmatrix}1&0&-2\\0&1&0\\-1&0&-2\end{pmatrix}$；　　(2)$\boldsymbol{A}=\begin{pmatrix}\frac{\sqrt{2}}{2}&\frac{\sqrt{2}}{2}&0\\\frac{\sqrt{2}}{2}&-\frac{\sqrt{2}}{2}&0\\0&0&1\end{pmatrix}$；

(3)$\boldsymbol{A}=\begin{pmatrix}\frac{1}{\sqrt{2}}&\frac{1}{3\sqrt{2}}&\frac{2}{3}\\\frac{1}{\sqrt{2}}&-\frac{1}{3\sqrt{2}}&-\frac{2}{3}\\0&-\frac{4}{3\sqrt{2}}&\frac{1}{3}\end{pmatrix}$；　　(4)$\boldsymbol{A}=\begin{pmatrix}0&1&0\\\frac{1}{\sqrt{2}}&0&\frac{1}{\sqrt{2}}\\-\frac{1}{\sqrt{2}}&0&\frac{1}{\sqrt{2}}\end{pmatrix}$.

4. 求下列实对称矩阵的一个正交矩阵 $\boldsymbol{P}$，使 $\boldsymbol{P}^{-1}\boldsymbol{A}\boldsymbol{P}=\boldsymbol{\Lambda}$.

(1)$\boldsymbol{A}=\begin{pmatrix}1&0&\sqrt{3}\\0&3&0\\\sqrt{3}&0&-1\end{pmatrix}$；　　(2)$\boldsymbol{A}=\begin{pmatrix}2&-2&0\\-2&1&-2\\0&-2&0\end{pmatrix}$；

(3)$\boldsymbol{A}=\begin{pmatrix}0&1&1&1\\1&0&-1&1\\1&-1&0&1\\-1&1&1&0\end{pmatrix}$；　　(4)$\boldsymbol{A}=\begin{pmatrix}17&-8&4\\-8&17&-4\\4&-4&11\end{pmatrix}$.

5. 用正交变换化二次型为标准形，并写出相应的正交变换．

(1) $f=2x_1x_2+2x_1x_3+2x_2x_3$；

(2) $f=5x_1^2-4x_1x_2+2x_2^2-8x_1x_3+4x_2x_3+5x_3^2$；

(3) $f=2x_1x_2-2x_3x_4$．

6. 用配方法化二次型为标准形，并写出相应的线性变换．

(1) $f=x_1^2+2x_1x_2+2x_2^2+2x_1x_3+6x_2x_3+5x_3^2$；

(2) $f=x_1^2+2x_1x_2+2x_2^2+2x_1x_3+6x_2x_3+4x_3^2$；

(3) $f=-4x_1x_2+2x_1x_3+2x_2x_3$．

7. 判别二次型的正定性．

(1) $f=3x_1^2+4x_1x_2+4x_2^2-4x_2x_3+5x_3^2$；

(2) $f=x_1^2+6x_2^2+5x_3^2+4x_1x_2-4x_1x_3-8x_2x_3$；

(3) $f=-2x_1^2-6x_2^2-4x_3^2+2x_1x_3+2x_2x_3$．

数学小资料

二 次 型

对二次型的系统研究是从18世纪开始的，它起源于对二次曲线和二次曲面的分类问题的讨论．将二次曲线和二次曲面的方程变形，选有主轴方向的轴作为坐标轴以简化方程的形状，这个问题是在18世纪引进的．

柯西在其著作中给出结论：当方程是标准形时，二次曲面用二次项的符号来进行分类．然而，那时并不太清楚，在化简成标准形时，为何总是得到同样数目的正项和负项．西尔维斯特回答了这个问题，他给出了 n 个变数的二次型的惯性定律，但没有证明．这个定律后来被雅可比重新发现和证明．1801年，高斯在《算术研究》中引进了二次型的正定、负定、半正定和半负定等术语．

二次型化简的进一步研究涉及二次型或行列式的特征方程的概念．特征方程的概念隐含地出现在欧拉的著作中，拉格朗日在其关于线性微分方程组的著作中首先明确地给出了这个概念．而三个变数的二次型的特征值的实性则是由阿歇特 (J－N. P. Hachette)、蒙日和泊松 (S. D. Poisson，1781～1840) 建立的．

柯西在别人著作的基础上，着手研究化简变数的二次型问题，并证明了特征方程在直角坐标系的任何变换下的不变性．后来，他又证明了 n 个变数的两个二次型能用同一个线性变换同时化成平方和．

1851年，西尔维斯特在研究二次曲线和二次曲面的切触和相交时需要考虑这种二次曲线和二次曲面束的分类．在他的分类方法中引进了初等因子和不变因子的概念，但他没有证明"不变因子组成两个二次型的不变量的完全集"这一结论．

1858年，魏尔斯特拉斯对同时化两个二次型成平方和给出了一个一般的方法，并证明：如果二次型之一是正定的，那么即使某些特征根相等，这个化简也是可能的．魏尔斯特拉斯比较系统地完成了二次型的理论并将其推广到双线性型．

第六章　线性规划简介

【内容提要】线性规划主要用于解决生活、生产中的资源利用、人力调配、生产安排等问题，它是一种重要的数学模型．本章研究简单的线性规划数学模型．目标函数含两个决策变量的线性规划问题，其最优解可以用图解法或单纯形法求出；涉及多个决策变量的线性规划问题，我们介绍用 MATLAB 软件求其最优解．

【预备知识】线性代数的基础知识．

【学习目标】

1. 理解线性规划问题的含义及解的有关概念；
2. 会用图解法求目标函数含两个决策变量的线性规划的最优解；
3. 了解线性规划问题的单纯形法；
4. 了解用 MATLAB 软件求解线性规划问题的命令格式．

第一节　线性规划数学模型与图解法

线性规划问题主要用到矩阵的初等变换与线性方程组的求解方法．本节主要介绍线性规划数学模型的建立及其意义，介绍求解线性规划问题的图解法．

1. 线性规划问题的数学模型

先看下面的三个实例，从中建立线性规划问题的数学模型．

例 1　牛奶公司某生产车间生产甲、乙两种牛奶产品．一桶原料牛奶在 12 h 内能生产 3 kg甲产品，每千克甲产品获利 24 元；也能在 8 h 内生产 4 kg 乙产品，每千克乙产品获利 16 元．现在有 50 桶原料牛奶，要求在 480 h 内加工完成，而生产的甲产品至多为 100 kg．试制定生产计划，即用多少桶牛奶生产甲产品，用多少桶牛奶生产乙产品，才能使所获利润最大．

解　设用 x_1 桶牛奶生产甲产品，用 x_2 桶牛奶生产乙产品，先建立其数学模型．

上述问题要确定的目标是：如何确定 x_1 和 x_2，才能使所获利润最大．利润的获取和 x_1,x_2 密切相关，以 f 表示利润，则得到一个线性函数式

$$f=24\times 3x_1+16\times 4x_2.$$

所给问题目标是要使线性函数 f 取得最大值(用 max 表示)，即目标函数是

$$\max f=72x_1+64x_2.$$

x_1,x_2 称为**决策变量**，$\max f=72x_1+64x_2$ 称为**目标函数**．

根据问题所给的条件有

原料供应：　　　$x_1+x_2\leqslant 50$；

生产时间：　　$12x_1+8x_2\leqslant 480$；

加工能力：　　$3x_1\leqslant 100$；

非负约束：　　$x_1,x_2\geqslant 0$.

这些不等式称为**约束条件**.

综上所述，本例的数学模型可归结为：

$$\max f=72x_1+64x_2,$$

$$\text{s.t.}\begin{cases}x_1+x_2\leqslant 50,\\12x_1+8x_2\leqslant 480,\\3x_1\leqslant 100,\\x_1,x_2\geqslant 0.\end{cases}$$

这里"s. t."是"subject to"的缩写，表示"在……约束条件之下"，或者说"约束为……".

例 2　已知某配送中心现有Ⅰ，Ⅱ，Ⅲ三种原材料，可加工出 A，B 两种产品，每吨原材料加工情况及对 A，B 两种产品的需求情况见表 6 - 1. 问：如何配用原材料，才能既满足需要，又使原材料耗用的总成本最低？

解　因目标是原材料耗用的总成本最低(用 min 表示)，故设Ⅰ，Ⅱ，Ⅲ种原材料需求量分别为 x_1,x_2,x_3，则问题可写成如下数学模型：

$$\min f=x_1+x_2+x_3,$$

$$\begin{cases}3x_1+2x_2\geqslant 300,\\x_2+2x_3\geqslant 100,\\x_j\geqslant 0(j=1,2,3).\end{cases}$$

表 6 - 1

加工件数/件　原材料 产品	Ⅰ	Ⅱ	Ⅲ	需要件数/件
A	3	2	0	300
B	0	1	2	100
单　价	1 千元/t	1 千元/t	1 千元/t	

例 3　设某种物资有 A_1,A_2,A_3 三个产地和 B_1,B_2,B_3,B_4 四个销地，各产地的产量分别为 25 t，25 t 和 80 t，各销地的销量分别为 45 t，20 t，30 t 和 35 t. 由各产地到各销地的单位运价见表 6 - 2. 问：如何安排供应才能使得总运费最省(最优调运方案)？

表 6 - 2

单位运价/百元　销地 产地	B_1	B_2	B_3	B_4	生产能力/t
A_1	8	5	6	7	25
A_2	10	2	7	6	25
A_3	9	3	4	9	80
销　量/t	45	20	30	35	130 / 130

解　设 x_{ij} 表示由产地 A_i 运往销地 B_j 的物质数量($i=1,2,3;j=1,2,3,4$)，即供应数量，S 为总运费. 由题意可得运输问题的数学模型为：

$$\min S=8x_{11}+5x_{12}+\cdots+9x_{34},$$

$$\text{s. t.}\begin{cases}x_{11}+x_{12}+x_{13}+x_{14}=25,\\x_{21}+x_{22}+x_{23}+x_{24}=25,\\x_{31}+x_{32}+x_{33}+x_{34}=80,\\x_{11}+x_{21}+x_{31}=45,\\x_{12}+x_{22}+x_{32}=20,\\x_{13}+x_{23}+x_{33}=30,\\x_{14}+x_{24}+x_{34}=35,\\x_{ij}\geqslant 0(i=1,2,3;j=1,2,3,4).\end{cases}$$

一般地，如果一个运输问题有 m 个产地，n 个销地，则该运输问题的数学模型可表示为：

$$\min S=\sum_{i=1}^{m}\sum_{j=1}^{n}c_{ij}x_{ij},$$

$$\text{s. t.}\begin{cases}\sum\limits_{j=1}^{n}x_{ij}=a_i(i=1,2,\cdots,m),\\\sum\limits_{i=1}^{m}x_{ij}=b_j(j=1,2,\cdots,n),\\x_{ij}\geqslant 0(i=1,2,\cdots,m;j=1,2,\cdots,n).\end{cases}$$

其中，x_{ij} 表示第 i 个产地运往第 j 个销地的**运输量**，c_{ij} 表示第 i 个产地运往第 j 个销地的**单位运价**，S 表示**总运费**，a_i 是第 i 个产地的**产量**，b_j 是第 j 个销地的**销量**.

前面三个实际问题的数学模型，尽管问题不同，但都有以下特点：

(1)每一个问题都求一组变量，称为**决策变量**，这组变量取值一般都是非负的；

(2)存在一定的限制条件，称为**约束条件**，通常用一组线性方程或线性不等式来表示；

(3)都有一个目标要求的线性函数，称为**目标函数**，要求目标函数达到最大值或最小值.

一般地，约束条件和目标函数都是线性的，我们把具有这种模型的问题称为**线性规划问题**，简称**线性规划**.

一个线性规划问题的数学模型可归结为如下的一般形式：

求一组决策变量 $x_1,x_2,\cdots,x_n$ 的值，使

$$\max(\text{或}\min)f=c_1x_1+c_2x_2+\cdots+c_nx_n,$$

$$\text{s. t.}\begin{cases}a_{11}x_1+a_{12}x_2+\cdots+a_{1n}x_n\leqslant(=,\geqslant)b_1,\\a_{21}x_1+a_{22}x_2+\cdots+a_{2n}x_n\leqslant(=,\geqslant)b_2,\\\cdots\cdots\\a_{m1}x_1+a_{m2}x_2+\cdots+a_{mn}x_n\leqslant(=,\geqslant)b_m,\\x_j\geqslant 0(j=1,2,\cdots,n).\end{cases}\quad(6-1)$$

其中 $a_{ij},b_i,c_j(i=1,2,\cdots,m;j=1,2,\cdots,n)$ 为已知常数.

一个线性规划问题的数学模型，必须含有三大要素：决策变量、目标函数与约束条件.

满足约束条件的一组变量的取值

$$x_1=x_1^0,x_2=x_2^0,\cdots,x_n=x_n^0,$$

称为线性规划问题的一个**可行解**. 使目标函数取得最大(或最小)的可行解称为**最优解**，此时，目标函数的值称为**最优值**.

2. 图解法

图解法一般只能用来解两个变量的线性规划问题，它直观简便，虽应用范围较小，但有助于理解线性规划问题的几何意义和解的基本情况．

下面通过具体例子介绍图解法．

例 4 用图解法求线性规划问题：

$$\max f=50x_1+40x_2,$$

$$\text{s.t.}\begin{cases}3x_1+2x_2\leqslant 60,\\ 2x_1+4x_2\leqslant 80,\\ x_1,x_2\geqslant 0.\end{cases}$$

解 在平面直角坐标系 x_1Ox_2 中作直线

$$l_1:3x_1+2x_2=60,$$

$$l_2:2x_1+4x_2=80.$$

如图 6 - 1 所示．

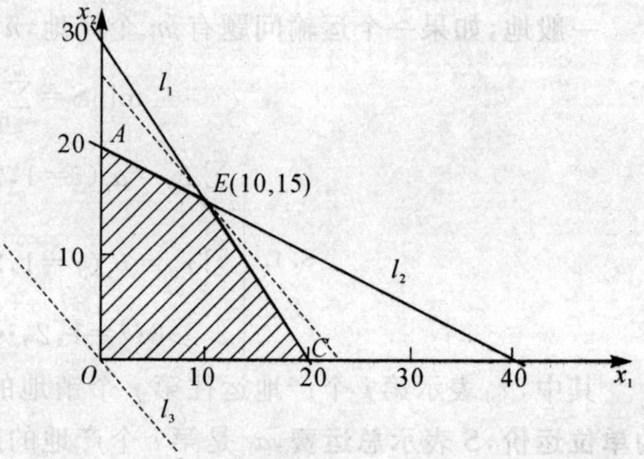

图 6 - 1

约束条件的每一个不等式都表示一个半平面，满足约束条件的点集是四个不等式所对应的四个半平面的公共部分，即上述两条直线及两条坐标轴的边界所围成的凸多边形 $OCEA$ 的内部及边界(图 6 - 1 阴影部分)．

根据以上分析可知，在这个阴影部分里所有点(包括边界上的点)满足该问题的所有约束条件．这个范围以外的点，则不能同时满足上述各约束条件．

满足所有约束条件的点称为**可行点**，每一点代表该线性规划问题的一个可行方案，即一个**可行解**．

所有可行点的集合，称为该问题的**可行域**．图 6 - 1 中四边形 $OCEA$ 内部及边界构成的阴影部分即为可行域，故该问题的可行解有无数个．

一般说来，决策者感兴趣的不是可行域中所有的可行解，而是能使目标函数值达到最优值(最大值或最小值)的可行解，这种解称为**最优可行解**，简称**最优解**．为寻找最优解，将目标函数写成 $50x_1+40x_2=k$，其中 k 为任意常数．当 k 为不同值时，此函数表示相互平行的直线，称为**等值线**．令 $k=0$ 得到的直线 $50x_1+40x_2=0$ 叫做 **0 等值线**．

先作通过原点的 0 等值线

$$l_3:\ 50x_1+40x_2=0,$$

它与可行域的交点为(0,0)．将这条直线向目标函数增大的右上方平移，过顶点 E 时，f 在可行域中取最大值，如继续向右上方平移，则等值线将离开可行域(等值线与可行域没有交点)，故 E 点坐标就是最优解．

求直线 l_1 和 l_2 交点 E 的坐标，即解方程组

$$\begin{cases}3x_1+2x_2=60,\\ 2x_1+4x_2=80,\end{cases}$$

得到 $x_1=10$，$x_2=15$，这时最优值 $f=50x_1+40x_2=1\ 100$.

图解法求解线性规划问题的步骤如下：

(1)在平面直角坐标系 x_1Ox_2 内,根据约束条件作出可行域的图形.

(2)作出目标函数的0等值线,即目标函数值等于0的过原点的直线.

(3)将0等值线沿目标函数增大的方向平移,当等值线移至与可行域的最后一个交点(一般是可行域的一个顶点)时,该交点就是所求的最优点.若等值线与可行域的一条边界重合,则最优点为无穷多个.

(4)求出最优点坐标(两直线交点坐标,可联立直线方程求解),即得到最优解(x_1,x_2),及最优值 $f(x_1,x_2)$.

例 5　用图解法解线性规划问题

$$\min f=-20x_1-40x_2,$$
$$\text{s.t.}\begin{cases}3x_1+2x_2\leqslant 60,\\2x_1+4x_2\leqslant 80,\\x_1,x_2\geqslant 0.\end{cases}$$

解　在直角坐标系 x_1Ox_2 中作直线

$$l_1:3x_1+2x_2=60,$$
$$l_2:2x_1+4x_2=80,$$

如图6－2所示,得可行域 $OCEA$.

作0等值线

$$l_3:20x_1+40x_2=0,$$

该等值线 l_3 的斜率与 l_2 的斜率相等,所以 $l_2/\!/l_3$.当 l_3 向右上方平移时,x_1,x_2 都变大,这时 $f=-20x_1-40x_2$ 变小.当 l_3 与边界线 AE 重合时,目标函数值最小.故边界 AE 上的所有点,包括两个端点 $E(10,15)$和 $A(0,20)$都是此问题的最优解,此时目标函数的最优值为:

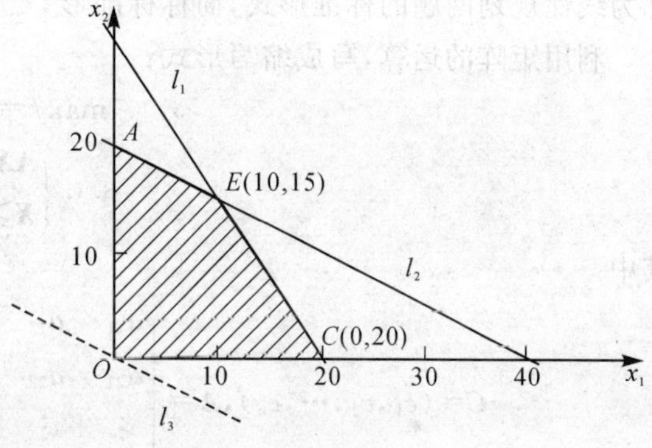

图6－2

$$f(10,15)=f(0,20)=-800.$$

这是线性规划问题有无穷多个最优解的情况.它同时说明,即使在最优解非唯一时,最优解还是会出现在可行域的一个顶点上.

线性规划问题的解的情况可以归结为:

①有可行解且有唯一最优解;

②有可行解且有无穷多最优解;

③有可行解但无最优解;

④无可行解.

上述结论对于两个以上变量的线性规划问题也是适用的.

第二节　线性规划问题的单纯形法

1. 线性规划问题的标准形

线性规划问题的一般形式是多种多样的.目标函数有求最大值的,也有求最小值的,约束条件也有"≤","=","≥"三种形式．这种多样性给问题的求解带来诸多不便．为了使之统一成为一种形式，我们规定：

①所有决策变量都非负；

②所有约束条件都是等式，且等式右端的常数为非负值；

③目标函数求最大值．

即形如

$$\max f=c_1x_1+c_2x_2+\cdots+c_nx_n,$$

$$\text{s.t.}\begin{cases}a_{11}x_1+a_{12}x_2+\cdots+a_{1n}x_n=b_1,\\a_{21}x_1+a_{22}x_2+\cdots+a_{2n}x_n=b_2,\\\cdots\cdots\\a_{m1}x_1+a_{m2}x_2+\cdots+a_{mn}x_n=b_m,\\x_j\geqslant 0(j=1,2,\cdots,n)\end{cases}\tag{6-2}$$

称为线性规划问题的标准形式，简称标准形．

利用矩阵的运算，写成缩写形式：

$$\max f=\boldsymbol{CX},$$

$$\text{s.t.}\begin{cases}\boldsymbol{AX}=\boldsymbol{b},\\\boldsymbol{X}\geqslant\boldsymbol{0},\end{cases}$$

其中

$$\boldsymbol{C}=(c_1,c_2,\cdots,c_n),\boldsymbol{A}=\begin{pmatrix}a_{11}&a_{12}&\cdots&a_{1n}\\a_{21}&a_{22}&\cdots&a_{2n}\\\vdots&\vdots&&\vdots\\a_{m1}&a_{m2}&\cdots&a_{mn}\end{pmatrix},\boldsymbol{b}=\begin{pmatrix}b_1\\b_2\\\vdots\\b_m\end{pmatrix},\boldsymbol{X}=\begin{pmatrix}x_1\\x_2\\\vdots\\x_n\end{pmatrix}.$$

可以把所有的线性规划问题都化为标准形，以便求解．下面列举的线性规划问题的各种情况，都能将线性规划问题化为标准形．

①求目标函数的最小值．

$$\min f=c_1x_1+c_2x_2+\cdots+c_nx_n.$$

令 $Z=-f$，则可将求 $\min f$ 转化成求 $\max Z$，即

$$\max Z=-c_1x_1-c_2x_2-\cdots-c_nx_n.$$

②约束条件为不等式的，则引入一个非负变量 x_{n+i}，将线性不等式转化为线性方程，其中 x_{n+i} 称为**松弛变量**．

对于 $a_{i1}x_1+a_{i2}x_2+\cdots+a_{in}x_n\leqslant b_i(i=1,2,\cdots,m)$，引入 $x_{n+i}\geqslant 0$，在不等式的左边加上变量 x_{n+i}，于是不等式化为

$$a_{i1}x_1+a_{i2}x_2+\cdots+a_{in}x_n+x_{n+i}=b_i.$$

对于 $a_{i1}x_1+a_{i2}x_2+\cdots+a_{in}x_n\geqslant b_i(i=1,2,\cdots,m)$，引入 $x_{n+i}\geqslant 0$，在不等式的左边减去变量 x_{n+i}，于是不等式化为

$$a_{i1}x_1+a_{i2}x_2+\cdots+a_{in}x_n-x_{n+i}=b_i.$$

③若 $b_i\leqslant 0$，可在约束条件 $a_{i1}x_1+a_{i2}x_2+\cdots+a_{in}x_n=b_i$ 的两边同乘以－1，化为

$$-a_{i1}x_1-a_{i2}x_2-\cdots-a_{in}x_n=-b_i.$$

④如果有某个变量 x_j 无非负约束，那么可引进两个非负的变量 x'_j,x''_j，令 $x_j=x'_j-$

x''_j，代入约束条件和目标函数中，使全部变量都非负．

例 1　将下面的线性规划问题化为标准形：

$$\min f = 2x_1 - 2x_2 + 3x_3,$$

$$\text{s. t.}\begin{cases} x_1 - x_2 + x_3 \leqslant 12, \\ x_1 + 3x_2 - 2x_3 \geqslant 15, \\ 3x_1 - x_2 - x_3 = -10, \\ x_1 \geqslant 0, x_2 \geqslant 0. \end{cases}$$

解　(1)令 $Z = -f$，则目标函数为

$$\max Z = -2x_1 + 2x_2 - 3x_3.$$

(2)引进松弛变量 $x_4 \geqslant 0, x_5 \geqslant 0$，使约束条件为不等式的转化为等式：

$$x_1 - x_2 + x_3 + x_4 = 12,$$

$$x_1 + 3x_2 - 2x_3 - x_5 = 15.$$

(3)将 $3x_1 - x_2 - x_3 = -10$ 变为

$$-3x_1 + x_2 + x_3 = 10.$$

(4) x_3 无非负限制，令 $x_3 = x_7 - x_6$，其中 $x_7 \geqslant 0, x_6 \geqslant 0$，将其代入目标函数及约束条件，得

$$\max Z = -2x_1 + 2x_2 - 3(x_7 - x_6),$$

$$x_1 - x_2 + (x_7 - x_6) + x_4 = 12,$$

$$x_1 + 3x_2 - 2(x_7 - x_6) - x_5 = 15,$$

$$-3x_1 + x_2 + (x_7 - x_6) = 10.$$

于是，该线性规划的标准形为

$$\max Z = -2x_1 + 2x_2 + 3x_6 - 3x_7,$$

$$\text{s. t.}\begin{cases} x_1 - x_2 + x_4 - x_6 + x_7 = 12, \\ x_1 + 3x_2 - x_5 + 2x_6 - 2x_7 = 15, \\ -3x_1 + x_2 - x_6 + x_7 = 10, \\ x_j \geqslant 0 (j = 1, 2, 3, 4, 5, 6, 7). \end{cases}$$

2. 单纯形法

我们已经学习了线性规划问题的图解法．对有两个决策变量的线性规划问题可以使用图解法．决策变量多于两个的，图解法就无能为力了．下面我们介绍解线性规划问题的单纯形法．

定义 1　设线性规划的标准形为

$$\max f = c_1x_1 + c_2x_2 + \cdots + c_nx_n,$$

$$\text{s. t.}\begin{cases} a_{11}x_1 + a_{12}x_2 + \cdots + a_{1n}x_n = b_1, \\ a_{21}x_1 + a_{22}x_2 + \cdots + a_{2n}x_n = b_2, \\ \cdots\cdots \\ a_{m1}x_1 + a_{m2}x_2 + \cdots + a_{mn}x_n = b_m, \\ x_j \geqslant 0 (j = 1, 2, \cdots, n). \end{cases}$$

如果变量 x_j 只在某一个约束方程中系数为 1，在其余约束方程中系数均为 0，则称 x_j 为该约束条件的一个**基变量**；如果每个等式约束条件都有一个基变量，则称等式约束条件为这

些基变量的**典型方程组**.

不失一般性,若线性规划的约束条件是典型方程组,则 n 个变量的线性规划问题的典型方程组为

$$\max f=c_1x_1+c_2x_2+\cdots+c_nx_n,$$
$$\text{s.t.}\begin{cases}x_1++a_{1,m+1}x_{m+1}+\cdots+a_{1n}x_n=b_1,\\x_2+a_{2,m+1}x_{m+1}+\cdots+a_{2n}x_n=b_2,\\\cdots\cdots\\x_m+a_{m,m+1}x_{m+1}+\cdots+a_{mn}x_n=b_m,\\x_j\geqslant 0(j=1,2,\cdots,n).\end{cases}\tag{6 - 3}$$

在(6 - 3)中,$x_1,x_2,\cdots,x_m$ 是基变量,称变量 $x_{m+1},x_{m+2},\cdots,x_n$ 为非基变量.

令非基变量 $x_{m+1}=0,x_{m+2}=0,\cdots,x_n=0$,可求得约束方程的一个解为

$$x_1=b_1,x_2=b_2,\cdots,x_m=b_m,x_{m+1}=0,x_{m+2}=0,\cdots,x_n=0.$$

此解称为**基本解**.

在基本解中,若所有的 $b_i\geqslant 0(i=1,2,\cdots,m)$,则称此解为**基本可行解**.

定理 1 如果线性规划问题有最优解,那么最优解必是某个基本可行解.

这就是说最优解可以通过只考虑它的基本可行解来确定.

由等式约束条件(6 - 3)得

$$\begin{cases}x_1=b_1-a_{1,m+1}x_{m+1}-\cdots-a_{1n}x_n,\\x_2=b_2-a_{2,m+1}x_{m+1}-\cdots-a_{2n}x_n,\\\cdots\cdots\\x_m=b_m-a_{m,m+1}x_{m+1}-\cdots-a_{mn}x_n.\end{cases}$$

将其代入目标函数,得

$$f=f_0+\lambda_{m+1}x_{m+1}+\lambda_{m+2}x_{m+2}+\cdots+\lambda_nx_n.\tag{6 - 4}$$

(6 - 4)式就是目标函数用非基变量表示的式子.式中系数 $\lambda_{m+1},\lambda_{m+2},\cdots,\lambda_n$ 称为非基变量的**检验数**.

下面的定理给出了利用检验数判定线性规划问题的最优解的方法.

定理 2 设 $\lambda_{m+1},\lambda_{m+2},\cdots,\lambda_n$ 是非基变量的检验数,则

(1) 若非基变量的所有检验数 $\lambda_j\leqslant 0(j=m+1,m+2,\cdots,n)$,则基本可行解就是最优解;

(2) 若非基变量的所有检验数 $\lambda_j\leqslant 0(j=m+1,m+2,\cdots,n)$,且其中有一个检验数等于0,则有无穷多个最优解;

(3) 若存在非基变量 x_{m+k} 的检验数 $\lambda_{m+k}>0$,且 x_{m+k} 对应的系数列均小于等于 0,即 $a_{1,m+k}\leqslant 0,a_{2,m+k}\leqslant 0,\cdots,a_{m,m+k}\leqslant 0$,则该线性规划问题无最优解.

单纯形法是求解线性规划问题的基本方法之一.由于它的解法很有效,而且也适用于电子计算机计算,因此使线性规划问题在各领域得到广泛应用.

单纯形法的基本思路是从可行域这一凸多边形的一个顶点(第一个基本可行解)出发进行检验,如果不是最优,则换一个(迭代)更优的顶点(另一个基本可行解),使一次比一次更接近最优解(逐步优化),直到取得最优解为止.

由定理 1 知道,线性规划问题的最优解可以通过只考虑它的基本可行解来确定.

下面通过一个实例来说明单纯形法的解题步骤．

例 2　用单纯形法求解线性规划问题．

$$\max f=50x_1+40x_2,$$

$$\text{s. t.}\begin{cases}3x_1+2x_2\leqslant 60,\\2x_1+4x_2\leqslant 80,\\x_1,x_2\geqslant 0.\end{cases}$$

解　先引入松弛变量 x_3,x_4，将问题化为标准形式：

$$\max f=50x_1+40x_2+0x_3+0x_4,$$

$$\text{s. t.}\begin{cases}3x_1+2x_2+x_3=60,\\2x_1+4x_2+x_4=80,\\x_j\geqslant 0(j=1,2,3,4).\end{cases}$$

目标函数改写为 $-f+50x_1+40x_2+0x_3+0x_4=0$，将约束条件的增广矩阵和改写后的目标函数的系数填入下表中，得到的表称为单纯形表．

表 6－3　单纯形表

基变量	x_1	x_2	x_3	x_4	b
x_3	3	2	1	0	60
x_4	2	4	0	1	80
$-f$	50	40	0	0	0

单纯形表中，约束条件的系数矩阵中出现一个 2 阶单位矩阵，b 列非负，目标函数行对应于单位矩阵的元素为 0，这时其余的元素即为检验数．

由表 6－3 可看出，系数矩阵中已有 2 阶单位矩阵，其所在的列对应的变量 x_3,x_4 是**基变量**，变量 x_1,x_2 是**非基变量**．令 $x_1=0,x_2=0$，由标准形式等式可得 $x_3=60,x_4=80$，于是得到一个基本可行解，记为 $\mathbf{X}^{(0)}=(0,0,60,80)^{\mathrm{T}}$，这是初始可行解，其对应的目标函数值 $f^{(0)}=0$，将其填入表中右下角．它表示：没有安排生产甲、乙产品时，利润为 0 元．

由定理 2 最优解判定准则知，当所有检验数非正时，这个解就是最优解，否则解仍可改善．

事实上，如果检验数有正数，则以该检验数为系数的非基变量取值大于 0 时，目标函数值仍可增大，所以这个解不是最优解；而当所有检验数非正时，非基变量取值为 0，目标函数已取得最大值，所以这个解就是最优解．

观察表 6－3 中检验数，50，40 均为正数，解仍可改善．若将 x_1 或 x_2 变为非零变量都可使目标函数值增加．其中 x_1 的系数更大，它能让目标函数增加较快，故先将 x_1 转变为基变量，这时称之为**进基变量**，之后有一个基变量被换出，称为**出基变量**．变量调换完成之时，即可得到一个改善后的基本可行解．具体调换程序如下：确定 x_1 为进基变量后，x_1 可由原来的零值变为正值，x_2 仍为非基变量，取为零．方程组就为

$$\begin{cases}3x_1+x_3=60,\\2x_1+x_4=80.\end{cases}$$

当 x_1 增加时，对 f 的贡献是正数，当然 x_1 取值越大越好，但要求变量非负，即

$$x_3=60-3x_1\geqslant 0,$$

$$x_4=80-2x_1\geqslant 0,$$

则解得

$$x_1\leqslant \min\left\{\frac{60}{3},\frac{80}{2}\right\}=\frac{60}{3}=20.$$

这就是说，要使换基后所对应的解仍为基本可行解，x_1 只能由 0 增大到 20，这时 x_3 由 60 下降为 0，x_4 由 80 下降为 40，基变量 x_3 变为非基变量，这一过程称为**出基**．这种确定出基变量的方程叫做**最小比值法**．

最小比值法：在单纯形表中，将 b 列元素与进基变量列对应的正元素作比值，取比值最小者所对应的基变量出基．

进基变量 x_1 列与出基变量 x_3 行（x_3 的系数为 1）交叉处的元素称为主元．这里确定主元及出基变量的方法是 $\min\left\{\frac{60}{3},\frac{80}{2}\right\}=\min\{20,40\}=20$，故 3 为主元，其所在行为主元行，主元行对应的基变量 x_3 为出基变量．将主元用中括号标志，见表 6 - 4.

表 6 - 4

基变量	x_1	x_2	x_3	x_4	b
x_3	[3]	2	1	0	60
x_4	2	4	0	1	80
$-f$	50	40	0	0	0

对主元行作初等变换，使主元变为 1，得表 6 - 5.

表 6 - 5

基变量	x_1	x_2	x_3	x_4	b
x_1	1	$\frac{2}{3}$	$\frac{1}{3}$	0	20
x_4	2	4	0	1	80
$-f$	50	40	0	0	0

作初等行变换，将主元列其余元素变为 0，得表 6 - 6.

表 6 - 6

基变量	x_1	x_2	x_3	x_4	b
x_1	1	$\frac{2}{3}$	$\frac{1}{3}$	0	20
x_4	0	$\frac{8}{3}$	$-\frac{2}{3}$	1	40
$-f$	0	$\frac{20}{3}$	$-\frac{50}{3}$	0	$-1\,000$

新基变量为 x_1，x_4，令非基变量 x_2，x_3 为 0，得一基本可行解 $\boldsymbol{X}^{(1)}=(20,0,0,40)^{\mathrm{T}}$，对应目标函数值 $f^{(1)}=1\,000$.

观察表 6 - 6 中检验数，仍有正数 $\frac{20}{3}$，故其所在列对应变量 x_2 确定为进基变量．

最小比 $\min\left\{\frac{20}{\frac{2}{3}},\frac{40}{\frac{8}{3}}\right\}=\min\{30,15\}=15$，故主元为 $\frac{8}{3}$，x_4 为离基变量．对 $\frac{8}{3}$ 进行标志，得表 6 - 7.

表 6 - 7

基变量	x_1	x_2	x_3	x_4	b
x_1	1	$\frac{2}{3}$	$\frac{1}{3}$	0	20
x_4	0	$\left[\frac{8}{3}\right]$	$-\frac{2}{3}$	1	40
$-f$	0	$\frac{20}{3}$	$-\frac{50}{3}$	0	$-1\,000$

对主元行作初等变换，使主元变为 1，得表 6 - 8.

表 6 - 8

基变量	x_1	x_2	x_3	x_4	b
x_1	1	$\frac{2}{3}$	$\frac{1}{3}$	0	20
x_2	0	1	$-\frac{1}{4}$	$\frac{3}{8}$	15
$-f$	0	$\frac{20}{3}$	$-\frac{50}{3}$	0	$-1\,000$

作初等行变换，将主元列其余元素变为 0，得表 6 - 9.

表 6 - 9

基变量	x_1	x_2	x_3	x_4	b
x_1	1	0	$\frac{1}{2}$	$-\frac{1}{4}$	10
x_2	0	1	$-\frac{1}{4}$	$\frac{3}{8}$	15
$-f$	0	0	$-\frac{45}{3}$	$-\frac{20}{8}$	$-1\,100$

表 6 - 9 中检验数非正，得最优解 $\boldsymbol{X}^{(2)}=(10,15,0,0)^{\mathrm{T}}$，对应目标函数值 $f^{(2)}=1\,100$. 它表示：甲产品生产 10 件，乙产品生产 15 件时，利润最大，最大利润为 1 100 元．

例 3　用单纯形法求解线性规划问题：

$$\min f=-20x_1-40x_2,$$

$$\text{s. t.}\begin{cases}3x_1+2x_2\leqslant 60,\\2x_1+4x_2\leqslant 80,\\x_1,x_2\geqslant 0.\end{cases}$$

解　引入松弛变量 x_3,x_4，得标准形式：

$$\max Z=20x_1+40x_2+0x_3+0x_4,$$

$$\text{s. t.}\begin{cases}3x_1+2x_2+x_3=60,\\2x_1+4x_2+x_4=80,\\x_j\geqslant 0(j=1,2,3,4).\end{cases}$$

作单纯形表并进行迭代计算，见表 6 - 10.

表 6 - 10　单纯形表

序号	基变量	x_1	x_2	x_3	x_4	b
Ⅰ	x_3	3	2	1	0	60
	x_4	2	[4]	0	1	80
	$-Z$	20	40	0	0	0

续 表

序号	基变量	x_1	x_2	x_3	x_4	b
Ⅱ	x_2	[2]	0	1	$-\frac{1}{2}$	20
	x_2	$\frac{1}{2}$	1	0	$\frac{1}{4}$	20
	$-Z$	0	0	0	-10	-800
Ⅲ	x_1	1	0	$\frac{1}{2}$	$-\frac{1}{4}$	10
	x_2	0	1	$-\frac{1}{4}$	$\frac{3}{8}$	15
	$-Z$	0	0	0	-10	-800

由表 6 - 10(Ⅱ)可知，检验数非正，这时已有最优解：$\boldsymbol{X}^{(1)}=(0,20,20,0)^{\mathrm{T}}$. 除去松弛变量后得目标函数最大值 $Z(0,20)=800$. 又因非基变量 x_1 的检验数也为零，令 x_1 为进基变量，目标函数值并不会改变．再迭代一次，由表 6 - 10(Ⅲ)得另一最优解：$\boldsymbol{X}^{(2)}=(10,15,0,0)^{\mathrm{T}}$. 除去松弛变量后目标函数最大值仍是 $Z(10,15)=800$. 故原规划问题的目标函数的最小值为 $f=-800$.

对比较复杂的线性规划问题，用单纯形法求解的过程也相当繁冗，计算量比较大．随着计算机技术的发展，线性规划数学模型可利用数学软件 MATLAB 求其最优解．

第三节　线性规划问题的 MATLAB 解法

对于决策变量是两个以上，约束条件比较多的线性规划问题(简称 LP 问题)的求解，用图解法与单纯形法求其最优值是非常困难的，现在人们开发了很多这方面的数学软件，MATLAB软件就是常用的解决线性规划问题的一个数学软件．

一、线性规划的 MATLAB 标准形式

线性规划的目标函数可能是求最大值，也可能是求最小值，约束条件可能是方程，也可能是不等式．为了避免这种形式多样性带来的不便，MATLAB 中规定线性规划(LP 问题)的标准形式为

$$\min f(\boldsymbol{X}),\quad \begin{cases}\boldsymbol{AX}\leqslant\boldsymbol{B},\\ \mathrm{Aeq}\boldsymbol{X}=\mathrm{Beq},\\ \mathrm{LB}\leqslant\boldsymbol{X}\leqslant\mathrm{UB}.\end{cases}\tag{6 - 5}$$

其中，f 为由目标函数的系数组成的向量，$\boldsymbol{X}$ 是由决策变量组成的列向量，$\boldsymbol{A}$ 是一个矩阵，$\boldsymbol{B}$ 是一个列向量，$\boldsymbol{A}$ 和 $\boldsymbol{B}$ 组成线性规划的不等式约束条件 $\boldsymbol{AX}\leqslant\boldsymbol{B}$.

Aeq 是一个矩阵，Beq 是一个列向量，Aeq 和 Beq 组成线性规划的等式约束条件 Aeq$\boldsymbol{X}$=Beq. LB 和 UB 分别是 $\boldsymbol{X}$ 变量的下界和上界约束．

在 MATLAB 中求形如(6 - 5)的线性规划问题，运用的命令是 linprog(f,A,B)，系统默认为它的 linprog(f,A,B,Aeq,Beq,LB,UB)中各个参数都存在，且按固定顺序排列．LB 前面的参数即使没给出(例如等式约束条件)，也要用空矩阵[]的方式给出声明，不能省略．

基本函数形式为 linprog(c,A,B)，它的返回值是向量 $\boldsymbol{X}$ 的值．还有其他的一些函数调用形式(在 MATLAB 指令窗运行 help linprog 可以看到所有的函数调用形式)，如：[x,fval]=linprog(c,A,B,Aeq,Beq,LB,UB,X_0,OPTIONS)，这里 fval 返回目标函数的值，LB 和 UB 分别是变量 x 的下界和上界，X_0 是 x 的初始值，OPTIONS 是控制参数．

例 1　用 MATLAB 软件求解线性规划问题：

$$\max f=2x_1+3x_2,$$

$$\text{s. t.}\begin{cases}x_1+2x_2\leqslant 8,\\ 4x_1\leqslant 16,\\ 4x_2\leqslant 12,\\ x_1\geqslant 0,x_2\geqslant 0.\end{cases}$$

解　原线性规划问题化为 MATLAB 中的标准形式为

$$\min Z=-2x_1-3x_2,$$

$$\text{s. t.}\begin{cases}x_1+2x_2\leqslant 8,\\ 4x_1\leqslant 16,\\ 4x_2\leqslant 12,\\ x_1\geqslant 0,x_2\geqslant 0.\end{cases}$$

在 MATLAB 中输入

```
≫ clear
≫ f=-[2,3];
≫ A=[1,2;4,0;0,4];
≫ B=[8,6,12];
≫ LB=[0,0];
≫ [X,fval]=linprog(f,A,B,[],[],LB)
Optimization terminated.
X =
    1.5000
    3.0000
fval =
   -12.0000
```

即原线性规划问题的最优解：当 $x_1=1.5$，$x_2=3$ 时 f 有最优值，为 12.

例 2　某厂生产 A 与 B 两种产品．生产 A 产品 1 kg 需用煤 9 万 kg，劳动力 3 个工作日，电力 4 kW・h；生产 B 产品 1 kg 需用煤 4 万 kg，劳动力 10 个工作日，电力 5 kW・h. 并已知生产 A 产品 1 kg 能获利 70 万元，生产 B 产品 1 kg 能获利 120 万元．该厂现投入煤 360 万 kg，电力 200 kW・h，劳动力 300 个工作日．将有关数据列表 6 - 11.

表 6 - 11

单耗 \ 产品 / 资源	A	B	现有资源
煤/万 kg	9	4	360
电力/(kW・h)	4	5	200
劳动力/工作日	3	10	300
利润/万元	70	120	

求:在现有资源条件下,应该生产A与B各多少千克,才能使总利润最大?

解 设 $x_1$kg,$x_2$kg分别表示生产A与B两种产品的产量.

依题意,生产A与B两种产品用煤总和不大于360万kg,即

$$9x_1+4x_2\leqslant 360,$$

同理可列出

$$4x_1+5x_2\leqslant 200,$$

$$3x_1+10x_2\leqslant 300,$$

假设总利润为 f,则 $f=70x_1+120x_2$.

综上所述,这个问题归结为如下的线性规划模型:

$$\max f=70x_1+120x_2,$$

$$\text{s. t.}\begin{cases}9x_1+4x_2\leqslant 360,\\4x_1+5x_2\leqslant 200,\\3x_1+10x_2\leqslant 300,\\x_i\geqslant 0(i=1,2).\end{cases}$$

先把上述模型标准化,化成如下

$$\min f=-70x_1-120x_2,$$

$$\text{s. t.}\begin{cases}9x_1+4x_2\leqslant 360,\\4x_1+5x_2\leqslant 200,\\3x_1+10x_2\leqslant 300,\\x_i\geqslant 0(i=1,2).\end{cases}$$

在MATLAB中输入

```
≫ clear
≫f=-[70,120];
≫A=[9,4;4,5;3,10];
≫B=[360,200,300];
≫LB=[0,0];
≫ [X,fval]=linprog(f,A,B,[],[],LB)
Optimization terminated.
X=
    20.0000
    24.0000

fval =
-4.2800e+003
```

这里解的值-4.2800e+003表示 -4.2800×10^3,即-4 280.

从而原线性规划问题的最优解:当 $x_1=20$,$x_2=24$ 时,最优值为4 280万元.

即在现有资源条件下,应该生产A与B分别为20 kg与24 kg,才能使总利润最大,最大利润为4 280万元.

例3 某物流公司的两个仓库 A_1,A_2 里分别存有蔬菜10万kg与15万kg,要运往 B_1,

B_2,B_3 三个超市去销售．三个超市的需求量分别为 7 万 kg,8 万 kg,9 万 kg. 从仓库运往超市的运价如表 6－12 所示．该如何调运才能使总运费最少？

表 6－12　　　　　　　　　　**(单位:千元/万 kg)**

运价＼市场 仓库	B_1	B_2	B_3
A_1	1	2	1
A_2	2	1	3

解　设 A_i 运往 B_j 的运量为 x_{ij}(万 kg),显然 $x_{ij} \geqslant 0(i=1,2;j=1,2,3)$. 各仓库与各超市的运量如表 6－13 所示：

表 6－13　　　　　　　　　　**(单位:万 kg)**

运量＼市场 仓库	B_1	B_2	B_3	供应量
A_1	x_{11}	x_{12}	x_{13}	10
A_2	x_{21}	x_{22}	x_{23}	15
需求量	7	8	9	

由题意得,总供应量为:10＋15＝25(万 kg);

总需求量为:7＋8＋9＝24(万 kg).

因为供大于求,所以超市需求可以满足．

从仓库 A_i 运往各超市的蔬菜总数应不大于仓库 A_i 的拥有量,即

$$x_{11}+x_{12}+x_{13} \leqslant 10.$$

同理，

$$x_{21}+x_{22}+x_{23} \leqslant 15.$$

另一方面,三个超市获得的数量与需求量相等,即

$$x_{11}+x_{21}=7,$$

$$x_{12}+x_{22}=8,$$

$$x_{13}+x_{23}=9.$$

假设总运费为 f,则 $f=x_{11}+2x_{12}+x_{13}+2x_{21}+x_{22}+3x_{23}$.

综上所述,这个物流问题归结为如下线性规划问题：

$$\min f=x_{11}+2x_{12}+x_{13}+2x_{21}+x_{22}+3x_{23},$$

$$\text{s.t.}\begin{cases} x_{11}+x_{12}+x_{13} \leqslant 10, \\ x_{21}+x_{22}+x_{23} \leqslant 15, \\ x_{11}+x_{21}=7, \\ x_{12}+x_{22}=8, \\ x_{13}+x_{23}=9, \\ x_{ij} \geqslant 0(i=1,2;j=1,2,3). \end{cases}$$

它已是 MATLAB 的标准形式,在 MATLAB 中直接输入：

```
≫f=[1,2,1,2,1,3];
≫A=[1,1,1,0,0,0;0,0,0,1,1,1];
≫B=[10,15];
```

```
≫Aeq=[1,0,0,1,0,0
0,1,0,0,1,0
0,0,1,0,0,1];
≫Beq=[7,8,9];
≫LB=[0,0,0,0,0,0];
≫ [X,fval]=linprog(f,A,B,Aeq,Beq,LB)
Optimization terminated.
X=
    1.0000
    0.0000
    9.0000
    6.0000
    8.0000
    0.0000
fval =
    30.0000
```

即 $x_{11}=1, x_{12}=0, x_{13}=9, x_{21}=6, x_{22}=8, x_{23}=0$，才能使总运费最少，为 30(千元)．调运方案如表 6 - 14 所求．

表 6 - 14 **(单位:万 kg)**

运量 市场 / 仓库	B_1	B_2	B_3	供应量
A_1	1	0	9	10
A_2	6	8	0	14

习 题 六

1. 某生产车间生产甲、乙两种产品，每件产品都要经过两道工序，即在设备 A 和设备 B 上加工，但两种产品的单位利润却不相同．已知生产单位产品所需的有效时间(单位:h)及利润见表 6 - 15. 问:生产甲、乙两种产品各多少件，才能使所获利润最大？试建立其数学模型．

表 6 - 15 甲、乙产品资料

	甲	乙	安排时间/h
设备 A	3 h	2 h	60
设备 B	2 h	4 h	80
单位产品利润	50 元/件	40 元/件	

2. 某工地租赁机械甲和乙来安装 A,B,C 三种构件．已知这两种机械每天的安装能力见表 6 - 16. 而工程任务要求共安装 250 根 A 构件，300 根 B 构件和 700 根 C 构件；又知机械甲每天租赁费为 250 元，机械乙每天租赁费为 350 元. 问:租赁机械甲和乙各为多少天，才

能使总租赁费最少？试建立线性规划问题数学模型．

表 6 - 16 （单位：根/天）

每天数量 构件 / 工具	A	B	C
机械甲	5	8	10
机械乙	6	6	20

3. 用图解法解下列线性规划问题：

(1) $\max f=2x_1+5x_2$,

$$\text{s.t.}\begin{cases}x_1\leqslant 4,\\x_2\leqslant 3,\\x_1+2x_2\leqslant 8,\\x_1,x_2\geqslant 0;\end{cases}$$

(2) $\min f=5x_1+x_2$,

$$\text{s.t.}\begin{cases}x_1+2x_2\geqslant 8,\\2x_1+2x_2\geqslant 12,\\5x_1+x_2\geqslant 10,\\x_1,x_2\geqslant 0;\end{cases}$$

(3) $\min f=3x_1+x_2$,

$$\text{s.t.}\begin{cases}x_1-x_2\leqslant -1,\\x_1+x_2\leqslant -1,\\x_1,x_2\geqslant 0;\end{cases}$$

(4) $\max f=4x_1+4x_2$,

$$\text{s.t.}\begin{cases}2x_1-x_2\leqslant 4,\\x_1,x_2\geqslant 0.\end{cases}$$

4. 将下列线性规划问题化为标准型：

(1) $\max f=3x_1-x_2$,

$$\text{s.t.}\begin{cases}3x_1+x_2=-8,\\4x_1+3x_2\geqslant 6,\\x_2\geqslant 0;\end{cases}$$

(2) $\min f=-x_1+3x_2+4x_3$,

$$\text{s.t.}\begin{cases}x_1+2x_2+x_3\leqslant 4,\\2x_1+3x_2+x_3\geqslant 5,\\x_1\leqslant -3,\\x_2\geqslant 0,x_3\geqslant 0.\end{cases}$$

5. 用单纯形法解下列线性规划问题：

(1) $\max f=x_1+x_2$,

$$\text{s.t.}\begin{cases}x_1+2x_2\leqslant 8,\\3x_1+x_2\leqslant 9,\\x_1,x_2\geqslant 0;\end{cases}$$

(2) $\min f=2x_1-2x_2$,

$$\text{s.t.}\begin{cases}x_1+x_2\leqslant 5,\\2x_1+x_2\leqslant 8,\\x_1,x_2\geqslant 0;\end{cases}$$

(3) $\max f=-x_1+x_2$,

$$\text{s.t.}\begin{cases}x_1+3x_2\geqslant 6,\\x_2\leqslant 4,\\x_1,x_2\geqslant 0;\end{cases}$$

(4) $\max f=2x_1+3x_2$,

$$\text{s.t.}\begin{cases}x_1-x_2\leqslant 2,\\-3x_1+x_2\leqslant 4,\\x_1,x_2\geqslant 0.\end{cases}$$

用 MATLAB 求解以下各题(第 6～10 题)：

6. $\min f = 2x_1+3x_2-5x_3$,

$$\text{s.t.}\begin{cases}2x_1-5x_2+x_3\geqslant 10,\\x_1+3x_2+x_3\leqslant 12,\\x_1+x_2+x_3=7,\\x_1,x_2,x_3\geqslant 0.\end{cases}$$

7. $\min f=500x_1+300x_2+200x_3$，

$$\text{s.t.}\begin{cases}x_1+x_3\geqslant 200,\\ x_1+x_2+2x_3\geqslant 250,\\ 2x_1+x_2+x_3\geqslant 300,\\ 2x_1+3x_2\geqslant 150,\\ x_j\geqslant 0(j=1,2,3).\end{cases}$$

8. $\min f=10x_{11}+5x_{12}+6x_{13}+4x_{21}+8x_{22}+15x_{23}$，

$$\text{s.t.}\begin{cases}x_{11}+x_{12}+x_{13}=60,\\ x_{21}+x_{22}+x_{23}=100,\\ x_{11}+x_{21}=45,\\ x_{12}+x_{22}=75,\\ x_{13}+x_{23}=40,\\ x_{ij}\geqslant 0(i=1,2;j=1,2,3).\end{cases}$$

9. $\min f=20x_{11}+5x_{12}+3x_{13}+7x_{21}+8x_{22}+15x_{23}$，

$$\text{s.t.}\begin{cases}x_{11}+x_{12}+x_{13}\leqslant 70,\\ x_{21}+x_{22}+x_{23}\leqslant 120,\\ x_{11}+x_{21}=45,\\ x_{12}+x_{22}=75,\\ x_{13}+x_{23}=40,\\ x_{ij}\geqslant 0(i=1,2;j=1,2,3).\end{cases}$$

10. 某企业利用甲、乙、丙三种原料生产 A_1，A_2，A_3，A_4 四种产品，设甲、乙、丙每月分别可供该企业原料为 500 kg，300 kg，200 kg. 生产 1 kg 不同产品可获利润及生产 1 kg 不同产品所消耗的原料数量(单位：kg)见表 6 - 17，问：该企业每月应如何安排生产计划，可使产品利润最大？

表 6 - 17

	A_1	A_2	A_3	A_4	每月原料供应量
甲	1	1	2	2	500
乙	0	1	1	3	300
丙	1	2	1	0	200
利润/元 · kg^{-1}	200	250	300	150	

数学小资料

数学软件

数学软件就是专门用来进行数学运算、数学规划、统计运算、工程运算、绘制数学图形或制作数学动画的软件.

强大的数学软件有：MATLAB 数学软件.

著名的数学软件有:MATLAB,Mathematica,Maple,MathCad,SCILAB,SAGE 等.

著名的统计软件有:SAS,SPSS,Minitab 等.

数学规划的软件有:Lingo,Lindo 等.

绘图软件有:几何画板、MATLAB 等.

数学打字软件有:Mathtype,Latex 等.

工程计算软件有:Ansys(有限元软件)等.

数学软件基本分为三类:

1. 数值计算的软件,如 MATLAB(商业软件),SCILAB(开源自由软件)等等;

2. 统计软件,如 SAS(商业软件),Minitab(商业软件),SPSS(商业软件),R(开源自由软件)等;

3. 符号运算软件,这种软件是绝妙的,它不像前两种那样只能计算出数值,而是可以把符号表达成的公式、方程进行推导和化简,可以求出微分、积分的表达式,其代表有 Maple(商业软件),Mathematica(商业软件),Maxima(开源自由软件),MathCad(商业软件)等等.

处理数学问题的应用软件为用计算机解决现代科学技术各领域中所提出的数学问题提供了求解手段.数学软件又是组成许多应用软件的基本构件.

数学软件由算法标准程序发展而来,大致形成于70年代初期.随着几大数学软件工程的开展,如美国的 NATS 工程,人们探索了产生高质量数学软件的方式、方法和技术.经过长期积累,已有丰富的、涉及广泛数学领域的数学软件.在某些领域,如数值代数、常微分方程方面的数学软件已日臻完善,在其他领域也有重要进展,如偏微分方程和积分方程等.这些数学软件已成为算法研究、科学计算和应用软件开发的有力工具.

数学软件包含丰富的内容,大致可分为数值软件和公式处理系统两类.

应用数值方法求解数学问题的软件,用离散形式或其他近似形式给出解.数值软件产品可划分为数学程序库、数学软件包和数学软件系统等三个级别.

综合性数学程序库涉及广泛的数学领域.库的组成以算法程序为主,辅以问题解算程序和功能模块,目前已有多种产品,但各有侧重.例如,有的侧重数值代数和统计计算,有的在数值积分、微分方程等领域有较强的处理功能,有的以插值和逼近见长.

数学软件包是专为某个科目或某种应用设计的程序构件集合.专用软件包通常是对处理对象作深入的研究后产生的,有更好的适应性和更强的处理能力.它们是程序库和应用软件的重要资源.专用性的数学软件包名目繁多,如有解一类数学问题的,有供算法研究的,有供教学用的.

数学软件系统是面向一类数学问题的应用系统,有完备的控制管理系统和用户界面语言系统.它能根据用户阐明的数学问题,自动判断问题提出的合理性、完备性,分析问题的类型、特性,选择适宜的算法,或随解算过程动态选择算法,自动处理或报告解算过程出现的问题,验证结果的精度.这是一类高水平的数学软件,使用简便.

公式处理系统利用计算机作符号演算来完成数学推导,用数学表达式形式给出解.例如,作函数展开、代数演算、函数求导求积、代数方程和微分方程求解的软件等.用户利用公式处理系统,可以快速准确地完成公式推导,进行数学问题的加工处理.

附录　数学软件 MATLAB 简介

MATLAB 是由美国 MathWorks 公司发布的主要面对科学计算、可视化以及交互式程序设计的高科技计算环境．它将数值分析、矩阵计算、科学数据可视化以及非线性动态系统的建模和仿真等诸多强大功能集成在一个易于使用的视窗环境中，为科学研究、工程设计以及必须进行有效数值计算的众多科学领域提供了一种全面的解决方案，并在很大程度上摆脱了传统非交互式程序设计语言（如 C，FORTRAN）的编辑模式，代表了当今国际科学计算软件的先进水平．它在数学类科技应用软件中在数值计算方面首屈一指．MATLAB 可以进行矩阵运算、绘制函数和数据图像、实现算法、创建用户界面、连接其他编程语言的程序等，主要应用于工程计算、控制设计、信号处理与通信、图像处理、信号检测、金融建模设计与分析等领域．

MATLAB 的基本数据单位是矩阵，它的指令表达式与数学、工程中常用的形式十分相似，故用 MATLAB 来解算问题要比用其他语言完成相同的事情简捷得多，使 MATLAB 成为一个强大的数学软件．MATLAB 在新的版本中也加入了对 C，FORTRAN，C＋＋，JAVA的支持，可以直接调用，用户也可以将自己编写的实用程序导入到 MATLAB 函数库中方便自己以后调用. 此外许多的 MATLAB 爱好者都编写了一些经典的程序，用户可以直接下载使用．

MATLAB 有五大通用功能：数值计算功能（Numeric）、符号运算功能（Symbolic）（当要求 MATLAB 进行符号运算时，它就请求 Maple 计算并将结果返回到 MATLAB 命令窗口）、数据可视化功能（Graphic）、数据图形文字统一处理功能（Notebook）和建模仿真可视化功能（Simulink）.

MATLAB 软件有三大特点：一是功能强大；二是界面友善，语言自然；三是开放性强（仅 MathWorks 公司就推出了 30 多个应用工具箱）. MATLAB 的版本目前已经发展到 MATLAB7. 13.

一、MATLAB 的操作入门

1. 使用 MATLAB 的窗口环境

MATLAB（Matrix Laboratory，矩阵实验室）语言的显著特点是具有强大的矩阵运算能力，使得矩阵运算非常简单．它是一种演算式语言，MATLAB 的基本数据单元是既不需要指定维数，也不需要说明数据类型的矩阵（向量和标量为矩阵的特例），而且数学表达式和运算规则与通常的习惯相同，因此 MATLAB 语言简单，使用方便．

2. MATLAB 命令窗口

(1)启动 MATLAB 命令窗口

计算机安装好 MATLAB 之后，双击 MATLAB 图标，就可以进入命令窗口，此时意味着系统处于准备接受命令的状态,可以在命令窗口中直接输入命令语句.

MATLAB 语句形式:

≫变量=表达式;

例如,计算 $\cos\left(\frac{0.4\pi}{1+\sqrt{6}}\right)$.

≫cos(0.4 * pi)/(1+sqrt(6))↵

ans =

    0.0896

"ans"是一个保留的 MATLAB 字符串,它表示上面一个式子的返回结果,用于结果的缺省变量名.

(2)命令行编辑器

方向键和控制键可以编辑修改已输入的命令.

多行命令(…):

如果命令语句超过一行或者太长希望分行输入,则可以使用多行命令继续输入.

如,S=1－12＋13＋4＋…

9－4－18;

……

3.变量和数值显示格式

(1)变　量

Ⅰ.变量的命名:变量的名字必须以字母开头(不能超过 19 个字符),之后可以是任意字母、数字或下画线,变量名称区分字母的大小写,变量中不能包含有标点符号.

Ⅱ.一些特殊的变量

ans:用于结果的缺省变量名;

i,j:虚数单位;　pi:圆周率;

nargin:函数的输入变量个数;

eps:计算机的最小数;

nargout:函数的输出变量个数;

inf:无穷大;

realmin:最小正实数;

realmax:最大正实数;

nan:不定量;

flops:浮点运算数.

(2)数值显示格式

任何 MATLAB 语句的执行结果都可以在屏幕上显示,同时赋值给指定的变量,没有指定变量时,赋值给一个特殊的变量 ans ,数据的显示格式由 format 命令控制.

format 只是影响结果的显示,不影响其计算与存储.MATLAB 总是以双字长浮点数(双精度)来执行所有的运算.

如果结果为整数,则显示没有小数;如果结果不是整数,则输出形式有:

format (short):短格式(4 位小数)　99.1253

format long:长格式(14 位小数) 99.12345678900000

format short e:短格式 e 方式 9.9123 e+001

format long e:长格式 e 方式 9.912345678900000 e+001

format bank:2 位十进制 99.12

format hex:十六进制格式.

4. 简单的数学运算

"+","-","*(乘)","/(左除)","\(右除)","^(幂)",".*(点乘)","./(点左除)",".\(点右除)",".^(点幂)".

在运算式中,MATLAB 通常不需要考虑空格.多条命令可以放在一行中,它们之间需要用分号隔开.逗号告诉 MATLAB 显示结果,而分号则禁止结果显示.

5. MATLAB 的工作空间

(1) MATLAB 的工作空间包含了一组可以在命令窗口中调整(调用)的参数:

who:显示当前工作空间中所有变量的一个简单列表;

whos:列出变量的大小、数据格式等详细信息;

clc:清空命令窗口的所有输入和输出,清屏;

clear 变量名:清除指定的变量.

(2)保存和载入 workspace

save filename variables

将变量列表 variables 所列出的变量保存到磁盘文件 filename 中.

在 variables 所表示的变量列表中,不能用逗号,各个不同的变量之间只能用空格来分隔.未列出 variables 时,表示将当前工作空间中所有变量都保存到磁盘文件中.

缺省的磁盘文件扩展名为".mat",可以使用"-"定义不同的存储格式(ASCII,V4 等)

load filename variables

将以前用 save 命令保存的变量 variables 从磁盘文件中调入 MATLAB 工作空间.用 load 命令调入的变量,其名称为用 save 命令保存时的名称,取值也一样.

在 variables 所表示的变量列表中,不能用逗号,各个不同的变量之间只能用空格来分隔.未列出 variables 时,表示将磁盘文件中的所有变量都调入工作空间.

(3)退出工作空间

用 quit 或 exit.

6. 使用帮助

(1) help 命令,在命令窗口中显示

MATLAB 的所有函数都是以逻辑群组方式进行组织的,而 MATLAB 的目录结构就是以这些群组方式来编排的.

help matfun:矩阵函数-数值线性代数

help general:通用命令

help graphics:通用图形函数

help elfun:基本的数学函数

help elmat:基本矩阵和矩阵操作

help datafun:数据分析和傅立叶变换函数

help ops:操作符和特殊字符

help polyfun:多项式和内插函数

help lang:语言结构和调试

help strfun:字符串函数

help control:控制系统工具箱函数

(2) helpwin:帮助窗口

(3) helpdesk:帮助桌面,浏览器模式

(4) lookfor 命令:返回包含指定关键词的那些项

(5) demo:打开示例窗口

二、MATLAB 的基本格式

1. 矩阵的生成

矩阵生成不但可以使用纯数字(含复数),也可以使用变量(或者说采用一个表达式).矩阵的元素直接排列在方括号内,行与行之间用分号隔开,每行内的元素使用空格或逗号隔开.大的矩阵可以分行输入,回车键代表分号.

(1)用线性等间距生成向量矩阵(start:step:end)

```
≫ a=[1:2:10]
a=
    1  3  5  7  9
```

(2)一些常用的特殊矩阵

单位矩阵:eye(m,n); eye(m)

零矩阵:zeros(m,n); zeros(m)

全 1 矩阵:ones(m,n); ones(m)

对角矩阵:对角元素向量 V=[a1,a2,…,an]　　A=diag(V)

随机矩阵:rand(m,n)　产生一个 $m\times n$ 的均匀分布的随机矩阵.

如:

```
≫eye(2,3)
ans=
        1 0 0
        0 1 0
≫zeros(2,3)
ans=
        0 0 0
        0 0 0
≫ones(2,3)
ans=
        1 1 1
        1 1 1
```

转置:对于实矩阵用“'”符号或“.'”求转置的结果是一样的,然而对于含复数的矩阵,“'”

将同时对复数进行共轭处理，而“.'”则只是将其排列形式进行转置.

如：≫a=[1 2;3 4];b=[3 5;5 9]

≫a * b

ans=

13　23

29　51

≫a/b

ans=

−0.5000　0.5000

3.5000　−1.5000

≫a\b

ans=

−1.0000　−1.0000

2.000　3.0000

≫a^3

ans=

37　54

81　118

≫a. * b

ans=

3　10

15　36

≫a./b

ans=

0.3333　0.4000

0.6000　0.4444

≫a.\b

ans=

3.0000　2.5000

1.6667　2.2500

≫a.^3

ans=

1　8

27　64

(3)逆矩阵与行列式计算

求逆：inv(A)

求行列式的值：det(A)

要求矩阵必须为方阵.

A(m,n)：提取第 m 行、第 n 列元素；

A(:,n):提取第 n 列元素;A(m,:):提取第 m 行元素;

A(m1:m2,n1:n2):提取第 m_1 行到第 m_2 行和第 n_1 列到第 n_2 列的所有元素(提取子块).

A(:):得到一个长列矢量,该矢量的元素按矩阵的列进行排列.

2. 矩阵的大小

[m,n]=size(A,x):求矩阵的行列数.

length(A):返回行数或列数的最大值.

还有多项式的运算、微积分运算、绘图等,在此不作介绍了.

(1)奇异值分解

[U,S,V]=svd(A)

例如,≫a=[9,8;6,8]

```
a=
        9     8
        6     8
```

```
≫[U,S,V]=svd(a)
U=-0.7705     -0.6375
   -0.6375      0.7705
S=
   15.5765            0
         0       1.5408
V=
   -0.6907      -0.7231
   -0.7231       0.6907
```

(2)特征值分解

[V,D]=eig(A)

例如,a =

```
        9     8
        6     8
[v,d]=eig(a)
v =
    0.7787     -0.7320
    0.6274      0.6813
d =
   15.4462          0
         0     1.5538
```

(3)正交分解　　[Q,R]=qr(A)

例如,a=

```
      9     8
      6     8
```

```
[q,r]=qr(a)
q =
    -0.8321   -0.5547
    -0.5547    0.8321
r =
    -10.8167    -11.0940
           0      2.2188
```

三、MATLAB 在线性代数中的应用

1.矩阵与行列式的计算

(1)矩阵的运算符号

"+"加法,"-"减法,"*"乘法,"\"左除,"/"右除(在 MATLAB 中矩阵可以相除,而在线性代数中并没有定义矩阵的除法),"'"矩阵的转置.

(2)rref(A)

它的功能是将矩阵 $\boldsymbol{A}$ 经过初等行变换化为与之等价的行阶梯形矩阵.

(3)inv(A)

它的功能是求矩阵 $\boldsymbol{A}$ 的逆矩阵.

(4)rank(A)

它的功能是求矩阵 $\boldsymbol{A}$ 的秩.

(5)det(A)

它的功能是计算行列式 A 的值,其中 A 为 n 阶方阵.

例 1 已知矩阵 $\boldsymbol{A}=\begin{pmatrix}1&2&3\\2&1&2\\3&3&1\end{pmatrix}$ 和 $\boldsymbol{B}=\begin{pmatrix}3&2&4\\2&5&3\\2&3&1\end{pmatrix}$,用 MATLAB:

(1) 计算 $2\boldsymbol{A}-\boldsymbol{B},\boldsymbol{AB},\boldsymbol{BA},\boldsymbol{A}^{\mathrm{T}}$.

(2) 将矩阵 $\boldsymbol{A}$ 化为行阶梯形矩阵.

(3) 求矩阵 $\boldsymbol{A}$ 的逆矩阵.

(4) 求矩阵 $\boldsymbol{B}$ 的秩.

(5) 计算行列式 $A=\begin{vmatrix}1&0&2&1\\-1&2&2&3\\2&3&3&1\\0&1&2&1\end{vmatrix}$ 的值.

解 (1)在 MATLAB 中输入

```
≫ clear
≫ A=[1 2 3;2 1 2;3 3 1];
≫ B=[3 2 4;2 5 3;2 3 1];
≫ 2*A-B
ans =
```

```
 -1      2   2
  2     -3   1
  4      3   1
≫ A * B
ans =
   13    21    13
   12    15    13
   17    24    22
≫ B * A
ans =
   19    20    17
   21    18    19
   11    10    13
≫ A'
ans =
   1     2     3
   2     1     3
   3     2     1
```

(2)

```
≫ rref(A)
ans =
   1     0     0
   0     1     0
   0     0     1
```

(3)

```
 ≫ inv(A)
ans =
   -0.4167      0.5833      0.0833
    0.3333     -0.6667      0.3333
    0.2500      0.2500     -0.2500
```

(4)

```
≫ rank(B)
ans =3
```

(5)

```
≫ clear
≫ A=[1 0 2 1;-1 2 2 3;2 3 3 1;0 1 2 1]
A =
    1    0    2    1
   -1    2    2    3
```

```
   2    3    3    1
   0    1    2    1
>> det(A)
ans =
   14
```

2.求线性方程组的解

所用相关命令有 rref(A), rank(A). 用 rref(A)化成行阶梯形(最简)矩阵,求出其解.

例 2 求解齐次线性方程组 $\begin{cases} x_1+x_2-3x_3-x_4=0, \\ 3x_1-x_2-3x_3-4x_4=0, \\ x_1+5x_2-9x_3-8x_4=0. \end{cases}$

解 在 MATLAB 中输入

```
>>clear
>> A=[1 1 -3 -1;3 -1 -3 4;1 5 -9  -8];
>> rref(A)
ans =
   1.0000         0    -1.5000     0.7500
        0    1.0000    -1.5000    -1.7500
        0         0          0          0
```

有无穷多解,并且解为 $x_1=1.5x_3-0.75x_4$, $x_2=1.5x_3+1.75x_4$ (x_3, x_4 为自由未知量).

例 3 求解齐次线性方程组 $\begin{cases} 2x_1+3x_2-x_3+5x_4=0, \\ 3x_1+x_2+2x_3-7x_4=0, \\ 4x_1+x_2-3x_3+6x_4=0, \\ x_1-2x_2+4x_3-7x_4=0. \end{cases}$

解 在 MATLAB 中输入

```
>>clear
>> A=[2 3 -1 5;3 1 2 -7;4 1 -3 6;1 -2 4 -7];
>> rref(A)
ans =
     1    0    0    0
     0    1    0    0
     0    0    1    0
     0    0    0    1
```

说明方程组只有零解.

例 4 解线性方程组 $\boldsymbol{AX}=\boldsymbol{b}$, $\boldsymbol{A}=\begin{pmatrix} 2 & 1 & 2 \\ 2 & 1 & 4 \\ 3 & 2 & 1 \end{pmatrix}$, $\boldsymbol{b}=\begin{pmatrix} 3 \\ 1 \\ 7 \end{pmatrix}$.

解 在 MATLAB 中输入

```
>> clear
```

```
≫ A=[2 1 2;2 1 4;3 2 1]
≫ b=[3 1 7]';
≫ X=A\b
X =

      2.0000
      1.0000
     -1.0000
```

方程组的解为 $x_1=2, x_2=1, x_3=-1$.

例 5　解方程组 $\begin{cases} x_1-x_2+x_3-x_4=1, \\ -x_1+x_2+x_3-x_4=1, \\ 2x_1-2x_2-x_3+x_4=-1. \end{cases}$

解　在 MATLAB 中输入

```
≫clear
≫ A=[1 -1 1 -1;-1 1 1 -1;2 -2 -1 1];
≫ b=[1 1 -1]';
≫C=[rank(A)   rank([A b])]
C=

    2     2
```

表示 $\boldsymbol{A}$ 的秩为 2，$(\boldsymbol{A},\boldsymbol{b})$ 的秩为 2，小于未知数的个数 4.

再输入

```
≫ rref([A b])
ans =
1   -1   0    0   0
0    0   1   -1   1
0    0   0    0   0
```

方程组的解为 $x_1=x_2, x_3=x_4+1$（x_2, x_4 为自由未知量）.

3.求矩阵的特征值与特征向量

在 MATLAB 中，计算矩阵 $\boldsymbol{A}$ 的特征值与特征向量的函数是 eig(A)，常用的调用格式有以下三种：

(1)M = eig(A)：求矩阵 $\boldsymbol{A}$ 的全部特征值，构成向量 $\boldsymbol{M}$.

(2)[V,D] = eig(A)：求矩阵 $\boldsymbol{A}$ 的全部特征值，构成对角矩阵 $\boldsymbol{D}$，并求 $\boldsymbol{A}$ 的特征向量构成的列向量 $\boldsymbol{V}$.

(3)[V,D] = eig(A,'nobalance')：与第二种格式类似，但第二种格式先对矩阵 $\boldsymbol{A}$ 作相似变换后，再求矩阵 $\boldsymbol{A}$ 的特征值与特征向量，而格式(3)直接求矩阵 $\boldsymbol{A}$ 的特征值与特征向量.

例 6　用三种不同格式求矩阵 $\boldsymbol{A}=\begin{pmatrix} 3 & 2 & -1 \\ -2 & -2 & 2 \\ 3 & 6 & -1 \end{pmatrix}$ 的特征值与特征向量.

解　(1)在 MATLAB 中输入

```
≫A=[3,2,-1;-2,-2,2;3,6,-1];
≫M=eig(A)
M=
     2.0000
    -4.0000
     2.0000
```

(2)在 MATLAB 中输入

```
≫[V,D]=eig(A)
V=
     0.8890      0.2673      0.0281
    -0.2540     -0.5345      0.4358
     0.3810      0.8018      0.8960
D=
        2.0000            0            0
             0      -4.0000            0
             0            0       2.0000
```

(3)在 MATLAB 中输入

```
≫[V,D]=eig(A,'nobalance')
V=
     1.0000          0.3333          -0.9151
    -0.2857         -0.6667           0.9575
     0.4286          1.0000           1.0000
D=
      2.0000      0            0
      0          -4.0000       0
      0           0            2.0000
```

4.求线性规划问题的最优解

(1)X=linprog(f,A,B)

它的功能是求解 LP 问题，

$$\min f(\boldsymbol{X}),\quad \begin{cases}\boldsymbol{AX}\leqslant\boldsymbol{B},\\ \mathrm{Aeq}\boldsymbol{X}=\mathrm{Beq}.\end{cases}$$

(2)[X,fval]=linprog(f,A,B,Aeq,Beq,LB,UB)

功能:求解 LP 问题

$$\min f(\boldsymbol{X}),\quad \begin{cases}\boldsymbol{AX}\leqslant\boldsymbol{B},\\ \mathrm{Aeq}\boldsymbol{X}=\mathrm{Beq},\\ \mathrm{LB}\leqslant\boldsymbol{X}\leqslant\mathrm{UB}.\end{cases}$$

说明:

(1) f 为由目标函数的系数组成的向量，$\boldsymbol{X}$ 是由决策变量组成的列向量，$\boldsymbol{A}$ 是一个矩阵，$\boldsymbol{B}$ 是一个向量，$\boldsymbol{A}$ 和 $\boldsymbol{B}$ 组成线性规划的不等式约束条件 $\boldsymbol{AX}\leqslant\boldsymbol{B}$.

返回的 $\boldsymbol{X}$ 值为满足目标函数取得极值的一组变量的值．Aeq 是一个矩阵，Beq 是一个向量，Aeq 和 Beq 组成线性规划的等式约束条件 Aeq$\boldsymbol{X}$=Beq.

LB 和 UB 分别是变量的下界和上界约束．在返回值中，fval 是优化结束后得到的目标函数值．

(2) 运用 linprog(f,A,B) 命令时，系统默认为它的 linprog(f,A,B,Aeq,Beq,LB,UB) 中各个参数都存在，且按固定顺序排列．LB 前面的参数即使没给出(例如等式约束条件)，也要用空矩阵[]的方式给出声明，不能省略．

例 7　求解线性规划问题：

$$\max f = 1096x_1+1153x_2,$$

$$\text{s.t.}\begin{cases}x_1+x_2=100,\\x_2\leqslant 20,\\2x_1+x_2\geqslant 140,\\x_1\geqslant 0,x_2\geqslant 0.\end{cases}$$

解　化为 MATLAB 中的标准形：

$$\min f = -1096x_1-1153x_2,$$

$$\text{s.t.}\begin{cases}x_1+x_2=100,\\x_2\leqslant 20,\\-2x_1-x_2\leqslant -140,\\x_1\geqslant 0,x_2\geqslant 0.\end{cases}$$

在 MATLAB 中输入

```
≫clear
≫f=-[1096,1153];
≫A=[0,1;-2,-1];
≫B=[20,-140];
≫Aeq=[1,1];
≫Beq=[100];
≫LB=[0,0];
≫[X,fval]=linprog(f,A,B,Aeq,Beq,LB)
Optimization terminated.
X =
    80.0000
    20.0000
fval =
-1.1074e+005
```

即原线性规划问题的最优解：当 $x_1=80$，$x_2=20$ 时有最大值，为 110 740.

例 8　求线性规划问题：

$$\max f=70x_1+120x_2,$$

$$\text{s.t.}\begin{cases}9x_1+4x_2\leqslant 360,\\4x_1+5x_2\leqslant 200,\\3x_1+10x_2\leqslant 300,\\x_i\geqslant 0(i=1,2).\end{cases}$$

解 把原线性规划问题化为 MATLAB 中的标准形：

$$\min f=-70x_1-120x_2,$$

$$\text{s.t.}\begin{cases}9x_1+4x_2\leqslant 360,\\4x_1+5x_2\leqslant 200,\\3x_1+10x_2\leqslant 300,\\x_i\geqslant 0(i=1,2).\end{cases}$$

在 MATLAB 中输入

```
≫ clear
≫f=-[70,120];
≫A=[9,4;4,5;3,10];
≫B=[360,200,300];
≫LB=[0,0];
≫ [X,fval]=linprog(f,A,B,[],[],LB)
Optimization terminated.
X=
   20.0000
   24.0000
fval =
-4.2800e+003
```

即 f=-4280 (-4.2800e+003).

从而原线性规划问题的最优解：当 $x_1=20, x_2=24$ 时有最优值，为 4 280.

例 9 解线性规划问题：

$$\min f=15x_{11}+10x_{12}+5x_{13}+6x_{21}+8x_{22}+15x_{23},$$

$$\text{s.t.}\begin{cases}x_{11}+x_{12}+x_{13}\leqslant 70,\\x_{21}+x_{22}+x_{23}\leqslant 120,\\x_{11}+x_{21}=45,\\x_{12}+x_{22}=75,\\x_{13}+x_{23}=40,\\x_{ij}\geqslant 0(i=1,2;j=1,2,3).\end{cases}$$

解 在 MATLAB 中输入

```
≫ clc
≫ f=[15,10,5,6,8,15];
≫ A=[1,1,1,0,0,0;0,0,0,1,1,1];
≫ B=[70,120];
≫ Aeq=[1,0,0,1,0,0;0,1,0,0,1,0;0,0,1,0,0,1];
```

```
≫ Beq=[45,75,40];
≫ lb=[0,0,0,0,0,0];
≫ [X,fval]=linprog(f,A,B,Aeq,Beq,lb)
Optimization terminated.
X =
     0.0000
     0.0000
    40.0000
    45.0000
    75.0000
     0.0000
fval =
   1.0700e+003
```

从而原线性规划问题的最优解：当 $x_{11}=0, x_{12}=0, x_{13}=40, x_{21}=45, x_{22}=75, x_{23}=0$ 时，最优值为 1 070.

MATLAB 是一个高级的矩阵（阵列）语言，它包含控制语句、函数、数据结构、输入和输出及面向对象编程的特点．用户可以在命令窗口中将输入语句与执行命令同步，也可以先编写好一个较大的复杂的应用程序（M 文件），再一起运行

习题答案

习题一

1.(1)24；　(2)24；　(3)－24；　(4)24；　(5)24；　(6)24.

2.(1)$\begin{cases}x_1=2,\\ x_2=-\dfrac{1}{2};\end{cases}$　(2)$\begin{cases}x_1=\dfrac{1}{2},\\ x_2=\dfrac{5}{2},\\ x_3=2.\end{cases}$

3.(1)1；　(2)－8；　(3)－8；　(4)－10；　(5)－16；　(6)－68.

4.(1)－20；　(2)－8；　(3)145；　(4)－19；　(5)－57；　(6)－120.

5.$(a+3)(a-1)^3$.

6.(1)有唯一零解；(2)有无穷多个解；(3)有无穷多个解；(4)无解.

7.(1)$x_1=-\dfrac{19}{14},x_2=\dfrac{1}{7},x_3=-\dfrac{11}{14}$.　(2)$x_1=\dfrac{25}{4},x_2=\dfrac{7}{2},x_3=-\dfrac{1}{2},x_4=-\dfrac{39}{4}$.

8.$\lambda_1=1,\lambda_2=-2$.

习题二

1.(1) 24　(2) $\boldsymbol{E}$

2.(1) $\begin{pmatrix}3&8&-1&3\\6&10&5&3\\5&5&1&6\end{pmatrix}$.　(2) $\begin{pmatrix}0&2&8&6\\0&4&2&0\\-4&2&16&0\end{pmatrix}$.

3.(1) $\begin{pmatrix}1&3\\2&0\\0&6\end{pmatrix}$.　(2) $\begin{pmatrix}-2&2\\10&-7\end{pmatrix}$.

(3) $a_{11}x_1^2+a_{22}x_2^2+a_{33}x_3^2+(a_{12}+a_{21})x_1x_2+(a_{13}+a_{31})x_1x_3+(a_{23}+a_{32})x_2x_3$.

4.(1) $\boldsymbol{AB}-\boldsymbol{BA}=\begin{pmatrix}5&-7\\3&-5\end{pmatrix}$.　(2) $(\boldsymbol{AB})^{\mathrm{T}}=\begin{pmatrix}2&-4\\-3&5\end{pmatrix}$.

(3) $\boldsymbol{A}^{\mathrm{T}}\boldsymbol{B}^{\mathrm{T}}=\begin{pmatrix}-3&-7\\4&10\end{pmatrix}$.　(4) $\boldsymbol{B}^{\mathrm{T}}\boldsymbol{A}^{\mathrm{T}}=\begin{pmatrix}2&-4\\-3&5\end{pmatrix}$.

5.$(\boldsymbol{AB})^2=\begin{pmatrix}1&0\\0&1\end{pmatrix}$.　$\boldsymbol{A}^2\boldsymbol{B}^2=\begin{pmatrix}-1&0\\0&-1\end{pmatrix}$.

6.(1) $\begin{pmatrix}4&-4\\-4&4\end{pmatrix}$.　(2) $\begin{pmatrix}\cos 3\alpha&-\sin 3\alpha\\ \sin 3\alpha&\cos 3\alpha\end{pmatrix}$.

7.$\begin{cases}z_1=-6x_1+4x_2+x_3,\\ z_2=6x_1+2x_2+9x_3,\\ z_3=-3x_1-2x_2+16x_3.\end{cases}$

8. $\begin{pmatrix} 13 & 0 & 0 \\ 0 & 13 & 0 \\ 0 & 0 & 13 \end{pmatrix}$.

9. (1) $\begin{vmatrix} -2 & 1 \\ 1 & -2 \end{vmatrix}$. (2) $\begin{vmatrix} 2 & 1 \\ 3 & -1 \end{vmatrix}$. (3) $\begin{vmatrix} 2 & 1 & -2 \\ 1 & -2 & 3 \\ 3 & 6 & 9 \end{vmatrix}$. (4) $\begin{vmatrix} 2 & 0 & 1 \\ 2 & 1 & 0 \\ 1 & 0 & 1 \end{vmatrix}$.

10. (1) $\begin{pmatrix} -6 & 13 \\ 5 & -\frac{19}{2} \end{pmatrix}$. (2) $\begin{pmatrix} 2 & 1 & 1 \\ 4 & -1 & 5 \\ 10 & -13 & 11 \end{pmatrix}$. (3) $\begin{pmatrix} 24 & 13 \\ -34 & -18 \end{pmatrix}$. (4) $\begin{pmatrix} 0 & 1 & -1 \\ -1 & 0 & 1 \\ 1 & -1 & 0 \end{pmatrix}$.

11. (1) $\begin{pmatrix} 1 & 0 & 1 \\ 0 & 0 & 1 \\ -1 & 1 & -1 \end{pmatrix}$. (2) $\begin{pmatrix} \frac{2}{3} & -\frac{1}{3} & \frac{1}{3} \\ -\frac{2}{3} & \frac{1}{3} & -\frac{4}{3} \\ \frac{1}{3} & \frac{1}{3} & \frac{2}{3} \end{pmatrix}$. (3) $\begin{pmatrix} \cos\varphi & -\sin\varphi & 0 \\ \sin\varphi & \cos\varphi & 0 \\ 0 & 0 & 1 \end{pmatrix}$.

(4) $\begin{pmatrix} 1 & -2 & 1 & 0 \\ 0 & 1 & -2 & 1 \\ 0 & 0 & 1 & -2 \\ 0 & 0 & 0 & 1 \end{pmatrix}$.

12. (1) $\begin{cases} x_1=5, \\ x_2=0, \\ x_3=3. \end{cases}$ (2) $\begin{cases} x_1=1, \\ x_2=0, \\ x_3=0. \end{cases}$

习 题 三

1. (1) $\boldsymbol{a}_1^{\mathrm{T}}-3\boldsymbol{a}_2^{\mathrm{T}}+2\boldsymbol{a}_3^{\mathrm{T}}=(-3,-19,16)$； (2) $2\boldsymbol{a}_1^{\mathrm{T}}-\boldsymbol{a}_2^{\mathrm{T}}+\boldsymbol{a}_3^{\mathrm{T}}=(1,-4,5)$.

2. $\boldsymbol{a}=\begin{pmatrix} -4 \\ -7 \\ 9 \\ -10 \end{pmatrix}$.

3. $\boldsymbol{\beta}$ 能被向量组(A)线性表示.

4. 向量 $\boldsymbol{a}_1$ 与 $\boldsymbol{a}_2$ 的对应分量成比例，$\boldsymbol{a}_1$ 与 $\boldsymbol{a}_2$ 能相互线性表示.

5. (1) $\boldsymbol{e}_1,\boldsymbol{e}_2,\boldsymbol{e}_3$ 两两之间不能相互线性表示；

(2) 在向量组(C)中，任意一个向量不能被剩余两个向量线性表示；

(3) $\boldsymbol{\beta}$ 能被向量组(C)线性表示，任意一个三维向量 $\boldsymbol{\gamma}$ 能被向量组(C)线性表示.

6. 向量组(A)能由向量组(B)线性表示，向量组(B)不能由向量组(A)线性表示.

9. 向量组(A)线性相关，因为存在一组不全为零的数 $\lambda_1=\lambda_2=\lambda_3=1$，使

$$\lambda_1(\boldsymbol{a}-\boldsymbol{\beta})+\lambda_2(\boldsymbol{\beta}-\boldsymbol{\gamma})+\lambda_3(\boldsymbol{\gamma}-\boldsymbol{a})=\boldsymbol{0}$$

成立，由第二节定义 1 可知，向量组(A)线性相关.

10. 向量组(A)线性相关，因为 $0\cdot\boldsymbol{a}_1^{\mathrm{T}}+0\cdot\boldsymbol{a}_2^{\mathrm{T}}+1\cdot\boldsymbol{0}^{\mathrm{T}}=\boldsymbol{0}^{\mathrm{T}}$ 成立，其中 $\lambda_1=\lambda_2=0,\lambda_3=1$.

11. 向量组 $\boldsymbol{a}_1,\boldsymbol{a}_2,\boldsymbol{a}_3$ 线性相关，因为 $2\boldsymbol{a}_1-\boldsymbol{a}_2-3\boldsymbol{a}_3=\boldsymbol{0}$.

12. 向量组 $\boldsymbol{a}_1^{\mathrm{T}},\boldsymbol{a}_2^{\mathrm{T}},\boldsymbol{a}_3^{\mathrm{T}}$ 线性相关.

15. 向量组(A)是自身的一个最大无关组.

16. $\boldsymbol{a}_1^{\mathrm{T}}, \boldsymbol{a}_2^{\mathrm{T}}$ 是向量组(A)的一个最大无关组;$\boldsymbol{a}_1^{\mathrm{T}}, \boldsymbol{a}_2^{\mathrm{T}}$ 是向量组(B)的一个最大无关组.

17. $\boldsymbol{a}_1, \boldsymbol{a}_2, \boldsymbol{a}_3, \boldsymbol{a}_4$ 是向量组(A)的一个最大无关组.

习 题 四

1. (1) $\begin{pmatrix} x_1 \\ x_2 \\ x_3 \\ x_4 \end{pmatrix} = c_1 \begin{pmatrix} 2 \\ -2 \\ 1 \\ 0 \end{pmatrix} + c_2 \begin{pmatrix} \frac{5}{3} \\ -\frac{4}{3} \\ 0 \\ 1 \end{pmatrix}$,其中 c_1, c_2 为任意实数.

(2) $\begin{pmatrix} x_1 \\ x_2 \\ x_3 \\ x_4 \end{pmatrix} = c_1 \begin{pmatrix} 2 \\ 5 \\ 7 \\ 0 \end{pmatrix} + c_2 \begin{pmatrix} 3 \\ 4 \\ 0 \\ 7 \end{pmatrix}$,其中 c_1, c_2 为任意实数.

(3) $\begin{pmatrix} x_1 \\ x_2 \\ x_3 \\ x_4 \end{pmatrix} = c_1 \begin{pmatrix} 1 \\ -3 \\ 1 \\ 0 \end{pmatrix} + c_2 \begin{pmatrix} 0 \\ 1 \\ 0 \\ 1 \end{pmatrix}$,其中 c_1, c_2 为任意实数.

(4) $\begin{pmatrix} x_1 \\ x_2 \\ x_3 \\ x_4 \end{pmatrix} = c_1 \begin{pmatrix} -2 \\ 1 \\ 0 \\ 0 \end{pmatrix} + c_2 \begin{pmatrix} 1 \\ 0 \\ 0 \\ 1 \end{pmatrix}$,其中 c_1, c_2 为任意实数.

(5) $\begin{pmatrix} x_1 \\ x_2 \\ x_3 \\ x_4 \end{pmatrix} = c_1 \begin{pmatrix} 3 \\ 19 \\ 17 \\ 0 \end{pmatrix} + c_2 \begin{pmatrix} 13 \\ 20 \\ 0 \\ -17 \end{pmatrix}$,其中 c_1, c_2 为任意实数.

(6) $\begin{pmatrix} x_1 \\ x_2 \\ x_3 \\ x_4 \end{pmatrix} = c_1 \begin{pmatrix} 1 \\ 1 \\ 1 \\ 0 \end{pmatrix} + c_2 \begin{pmatrix} 0 \\ 1 \\ 0 \\ 1 \end{pmatrix}$,其中 c_1, c_2 为任意实数.

2. (1) $\boldsymbol{\xi}_1 = \begin{pmatrix} 1 \\ 7 \\ 0 \\ 19 \end{pmatrix}, \boldsymbol{\xi}_2 = \begin{pmatrix} 0 \\ 0 \\ 1 \\ 2 \end{pmatrix}$. (2) $\boldsymbol{\xi}_1 = \begin{pmatrix} 2 \\ -2 \\ 1 \\ 0 \end{pmatrix}, \boldsymbol{\xi}_2 = \begin{pmatrix} 5 \\ -4 \\ 0 \\ 3 \end{pmatrix}$. (3) $\boldsymbol{\xi}_1 = \begin{pmatrix} 3 \\ 1 \\ 0 \\ 0 \end{pmatrix}, \boldsymbol{\xi}_2 = \begin{pmatrix} -3 \\ 0 \\ 2 \\ 1 \end{pmatrix}$.

(4) $\boldsymbol{\xi}_1 = \begin{pmatrix} -2 \\ 1 \\ 1 \\ 0 \\ 0 \end{pmatrix}, \boldsymbol{\xi}_2 = \begin{pmatrix} -2 \\ 1 \\ 0 \\ 1 \\ 0 \end{pmatrix}, \boldsymbol{\xi}_3 = \begin{pmatrix} -6 \\ 5 \\ 0 \\ 0 \\ 1 \end{pmatrix}$.

3.(1) $\begin{pmatrix}x_1\\x_2\\x_3\end{pmatrix}=c\begin{pmatrix}1\\1\\1\end{pmatrix}+\begin{pmatrix}-1\\-2\\0\end{pmatrix}$,其中 c 为任意实数.

(2) $\begin{pmatrix}x_1\\x_2\\x_3\\x_4\end{pmatrix}=c_1\begin{pmatrix}-2\\1\\0\\0\end{pmatrix}+c_2\begin{pmatrix}-1\\0\\1\\1\end{pmatrix}+\begin{pmatrix}2\\0\\1\\0\end{pmatrix}$,其中 c_1,c_2 为任意实数.

(3) $\begin{pmatrix}x_1\\x_2\\x_3\end{pmatrix}=c\begin{pmatrix}-2\\1\\1\end{pmatrix}+\begin{pmatrix}-1\\2\\0\end{pmatrix}$,其中 c 为任意实数.

(4) $\begin{pmatrix}x_1\\x_2\\x_3\\x_4\end{pmatrix}=c_1\begin{pmatrix}\frac{1}{7}\\\frac{3}{2}\\1\\0\end{pmatrix}+c_2\begin{pmatrix}\frac{1}{7}\\-\frac{9}{7}\\0\\1\end{pmatrix}+\begin{pmatrix}\frac{6}{7}\\-\frac{5}{7}\\0\\0\end{pmatrix}$,其中 c_1,c_2 为任意实数.

习 题 五

1.(1) $\lambda_1=1,k_1\boldsymbol{p}_1=\begin{pmatrix}1\\-1\end{pmatrix}(k\neq0)$;$\lambda_2=3,k_2\boldsymbol{p}_2=k_2\begin{pmatrix}1\\1\end{pmatrix}(k_2\neq0)$.

(2) $\lambda_1=1,k_1\boldsymbol{p}_1=k_1\begin{pmatrix}1\\1\end{pmatrix}(k_1\neq0)$;$\lambda_2=2,k_2\boldsymbol{p}_2=k_2\begin{pmatrix}1\\1\end{pmatrix}(k_2\neq0)$.

(3) $\lambda_1=-7,k_1\boldsymbol{p}_1=k_1\begin{pmatrix}1\\2\\-2\end{pmatrix}(k_1\neq0)$;$\lambda_2=\lambda_3=2,\boldsymbol{p}_2=\begin{pmatrix}-2\\1\\0\end{pmatrix},\boldsymbol{p}_3=\begin{pmatrix}2\\0\\1\end{pmatrix},k_2\boldsymbol{p}_2+k_3\boldsymbol{p}_3$($k_2,k_3$ 不同时为零).

(4) $\lambda_1=-2,k_1\boldsymbol{p}_1=k_1\begin{pmatrix}0\\0\\1\end{pmatrix}(k_1\neq0)$;$\lambda_2=\lambda_3=1,k_2\boldsymbol{p}_2=k_2\begin{pmatrix}3\\-6\\20\end{pmatrix}(k_2\neq0)$.

(5) $\lambda_1=-1,k_1\boldsymbol{p}_1=k_1\begin{pmatrix}2\\-1\\1\end{pmatrix}(k_1\neq0)$;$\lambda_2=\lambda_3=1,\boldsymbol{p}_2=\begin{pmatrix}-1\\1\\0\end{pmatrix},\boldsymbol{p}_3=\begin{pmatrix}-1\\0\\1\end{pmatrix},k_2\boldsymbol{p}_2+k_3\boldsymbol{p}_3$($k_2,k_3$ 不同时为零).

(6) $\lambda_1=-2,k_1\boldsymbol{p}_1=k_1\begin{pmatrix}-1\\1\\1\end{pmatrix}(k_1\neq0)$;$\lambda_2=\lambda_3=1,\boldsymbol{p}_2=\begin{pmatrix}-2\\1\\0\end{pmatrix},\boldsymbol{p}_3=\begin{pmatrix}0\\0\\1\end{pmatrix},k_2\boldsymbol{p}_2+k_3\boldsymbol{p}_3$($k_2,k_3$ 不同时为零).

2.(1) $\boldsymbol{\gamma}_1=\frac{1}{\sqrt{2}}\begin{pmatrix}1\\1\\0\end{pmatrix},\boldsymbol{\gamma}_2=\frac{1}{\sqrt{2}}\begin{pmatrix}1\\-1\\0\end{pmatrix},\boldsymbol{\gamma}_3=\frac{1}{\sqrt{2}}\begin{pmatrix}0\\0\\1\end{pmatrix}$;(2) $\boldsymbol{\gamma}_1=\frac{1}{\sqrt{2}}\begin{pmatrix}1\\1\\1\\1\end{pmatrix},\boldsymbol{\gamma}_2=\frac{1}{\sqrt{2}}\begin{pmatrix}1\\0\\0\\-1\end{pmatrix},\boldsymbol{\gamma}_3=\frac{1}{2\sqrt{2}}\begin{pmatrix}0\\1\\-1\\0\end{pmatrix}$;

(3)$\boldsymbol{\gamma}_1=\frac{1}{\sqrt{3}}\begin{pmatrix}1\\1\\1\end{pmatrix},\boldsymbol{\gamma}_2=\frac{1}{\sqrt{2}}\begin{pmatrix}0\\1\\1\end{pmatrix},\boldsymbol{\gamma}_3=\frac{1}{\sqrt{6}}\begin{pmatrix}2\\1\\-1\end{pmatrix}$；(4)$\boldsymbol{\gamma}_1=\frac{1}{\sqrt{3}}\begin{pmatrix}1\\1\\1\end{pmatrix},\boldsymbol{\gamma}_2=\frac{1}{\sqrt{6}}\begin{pmatrix}1\\1\\-2\end{pmatrix},\boldsymbol{\gamma}_3=\frac{1}{\sqrt{2}}\begin{pmatrix}1\\-1\\0\end{pmatrix}$.

3.(1)不是正交矩阵；(2)是正交矩阵；(3)是正交矩阵；(4)是正交矩阵.

4.(1)$\lambda_1=3,\lambda_2=2,\lambda_3=-2,\boldsymbol{P}=\begin{pmatrix}0&\frac{\sqrt{3}}{2}&-\frac{1}{2}\\1&0&0\\0&\frac{1}{2}&\frac{\sqrt{3}}{2}\end{pmatrix}$；

(2)$\lambda_1=-2,\lambda_2=4,\lambda_3=1,\boldsymbol{P}=\begin{pmatrix}\frac{1}{3}&\frac{2}{3}&-\frac{2}{3}\\\frac{2}{3}&-\frac{2}{3}&-\frac{1}{3}\\\frac{2}{3}&\frac{1}{3}&\frac{2}{3}\end{pmatrix}$；

(3)$\lambda_1=-3,\lambda_2=\lambda_3=\lambda_4=1,\boldsymbol{P}=\begin{pmatrix}\frac{1}{2}&\frac{1}{\sqrt{2}}&0&\frac{1}{2}\\-\frac{1}{2}&\frac{1}{\sqrt{2}}&0&-\frac{1}{2}\\-\frac{1}{2}&0&\frac{1}{\sqrt{2}}&\frac{1}{2}\\\frac{1}{2}&0&\frac{1}{\sqrt{2}}&-\frac{1}{2}\end{pmatrix}$；

(4)$\lambda_3=27,\lambda_1=\lambda_2=9,\boldsymbol{P}=\begin{pmatrix}\frac{1}{\sqrt{2}}&-\frac{1}{3\sqrt{2}}&\frac{2}{3}\\\frac{1}{\sqrt{2}}&\frac{1}{3\sqrt{2}}&-\frac{2}{3}\\0&\frac{4}{3\sqrt{2}}&\frac{1}{3}\end{pmatrix}$.

5.(1)$\boldsymbol{P}=(\boldsymbol{p}_1,\boldsymbol{p}_1,\boldsymbol{p}_3)=\begin{pmatrix}\frac{1}{\sqrt{2}}&-\frac{1}{\sqrt{6}}&\frac{1}{\sqrt{3}}\\\frac{1}{\sqrt{2}}&\frac{1}{\sqrt{6}}&-\frac{1}{\sqrt{3}}\\0&\frac{2}{\sqrt{6}}&\frac{1}{\sqrt{3}}\end{pmatrix}$；(2)$\boldsymbol{P}=(\boldsymbol{p}_1,\boldsymbol{p}_2,\boldsymbol{p}_3)=\begin{pmatrix}\frac{1}{\sqrt{5}}&\frac{4}{3\sqrt{5}}&-\frac{2}{\sqrt{3}}\\\frac{2}{\sqrt{5}}&\frac{4}{3\sqrt{5}}&\frac{1}{\sqrt{3}}\\0&\frac{\sqrt{5}}{3}&\frac{2}{3}\end{pmatrix}$；

(3)$\boldsymbol{P}=(\boldsymbol{p}_1,\boldsymbol{p}_2,\boldsymbol{p}_3,\boldsymbol{p}_4)=\begin{pmatrix}\frac{1}{\sqrt{2}}&0&-\frac{1}{\sqrt{2}}&0\\\frac{1}{\sqrt{2}}&0&-\frac{1}{\sqrt{2}}&0\\0&\frac{1}{\sqrt{2}}&0&\frac{1}{\sqrt{2}}\\0&-\frac{1}{\sqrt{2}}&0&\frac{1}{\sqrt{2}}\end{pmatrix}$.

6. (1) $f=y_1^2+y_2^2$, $C=\begin{pmatrix}1 & -1 & 1\\ 0 & 1 & -2\\ 0 & 0 & 1\end{pmatrix}$； (2) $f=y_1^2+y_2^2+y_3^2$, $C=\begin{pmatrix}1 & -1 & 1\\ 0 & 1 & -2\\ 0 & 0 & 1\end{pmatrix}$；

(3) $f=-4z_1^2+4z_2^2+z_3^2$, $C=\begin{pmatrix}1 & 1 & \frac{1}{2}\\ 1 & -1 & \frac{1}{2}\\ 0 & 0 & 1\end{pmatrix}$.

7. (1)是正定的； (2)是正定的； (3)是负定的.

习 题 六

1. $\max f=50x_1+40x_2$, s. t. $\begin{cases}3x_1+2x_2\leqslant 60,\\ 2x_1+4x_2\leqslant 80,\\ x_1\geqslant 0, x_2\geqslant 0.\end{cases}$

2. $\min f=250x_1+350x_2$, s. t. $\begin{cases}5x_1+6x_2\geqslant 250,\\ 8x_1+6x_2\geqslant 300,\\ 10x_1+20x_2\geqslant 700,\\ x_1\geqslant 0, x_2\geqslant 0.\end{cases}$

3. (1)最优解 $x_1=2$, $x_2=3$, $f=19$.

(2)有无穷多最优解,其中一个最优解 $x_1=0$, $x_2=10$, $f=10$.

(3)无可行解.

(4)可行域无界,无最优解.

4. (1) $\max f=-x_2+3x_5-3x_6$, s. t. $\begin{cases}-x_2-3x_5+3x_6=8,\\ 3x_2-x_4+4x_5-4x_6=6,\\ x_j\geqslant 0(j=2,3,4,5,6).\end{cases}$

(2) $\max f=-3x_2-4x_3+x_7-x_8$, s. t. $\begin{cases}2x_2+x_3+x_4+x_7-x_8=4,\\ 3x_2+x_3-x_5+2x_7-2x_8=5,\\ -x_6-x_7+x_8=3,\\ x_j\geqslant 0(j=2,3,4,5,6,7,8).\end{cases}$

5. (1)2,3 (2)0,5 (3)0,4 (4) 无最优解.

6. f=[2,3,−5];A=[−2,5,−1;1,3,1];B=[−10,12];Aeq=[1,1,1];

Beq=7;lB=[0,0,0];[X,fval]=linprog(f,A,B,Aeq,Beq,lB)

```
Optimization terminated.
X =
        3.0000
        0.0000
        4.0000
fval =
      -14.0000
```

即 $\min f=-14$.

7. f=[500,300,200];A=[-1,0,-1;-1,-1,-2;-2,-1,-1;-2,-3,0];

B=[-20,-250,-300,-150];lB=[0,0,0];

[X,fval]=linprog(f,A,B,[],[],lB)

Optimization terminated.

```
X =
    0.0000
   50.0000
  250.0000
fval =
  6.5000e+004
```

8.

f=[10,5,6,4,8,15];

Aeq=[1,1,1,0,0,0;0,0,0,1,1,1;1,0,0,1,0,0;0,1,0,0,1,0;0,0,1,0,0,1];

Beq=[60,100,45,75,40];

lB=[0,0,0,0,0,0];

[X,fval]=linprog(f,[],[],Aeq,Beq,lB)

Optimization terminated.

```
X =
    0.0000
   20.0000
   40.0000
   45.0000
   55.0000
    0.0000
fval =
  960.0000
```

9. f=[20,5,3,7,8,15];

A=[1,1,1,0,0,0;0,0,0,1,1,1];

B=[70,120];

Aeq=[1,0,0,1,0,0;0,1,0,0,1,0;0,0,1,0,0,1];

Beq=[45,75,40];

lB=[0,0,0,0,0,0];

[X,fval]=linprog(f,A,B,Aeq,Beq,lB)

Optimization terminated.

```
X =
    0.0000
   30.0000
   40.0000
   45.0000
```

45.0000

0.0000

fval =

945.0000

10. 数学模型为

$\max f=200x_1+250x_2+300x_3+150x_4$,

$$\text{s.t.}\begin{cases}x_1+x_2+2x_3+2x_4\leqslant 500,\\ x_2+x_3+3x_4\leqslant 300,\\ x_1+2x_2+x_3\leqslant 200,\\ x_j\geqslant 0(j=1,2,3,4).\end{cases}$$

```
>>f=[200,250,300,150];
>>A=[1,1,2,2;0,1,1,3;1,2,1,0];
>> B=[500,300,200];
>> lB=[0,0,0,0];
>> [X,fval]=linprog(f,A,B,[],[],lB)
Optimization terminated.
X =
        0.0000
        0.0000
      200.0000
       33.3333
fval =
  -6.5000e+004
```

参 考 文 献

1.同济大学应用数学系. 线性代数(4 版).北京:高等教育出版社,2003.

2.姜启源.数学模型.北京:高等教育出版社,2002.

3.刘锋.数学建模.南京:南京大学出版社,2006.

4.李佐锋.数学建模.北京:中央广播电视大学出版社,2007.

5.陈汝栋,于延荣. 数学模型与数学建模(2 版). 北京:国防工业出版社,2009.

6.潘凯.高等数学与实验.北京:中国科学技术大学出版社,2010.

7. 赵静,但琦.数学模型与数学实验(2 版).北京:高等教育出版社,2005.